中国农业科学院
发展简史研究

信乃诠 主编

U0348202

中国农业科学技术出版社

图书在版编目（CIP）数据

中国农业科学院发展简史研究／信乃诠主编. —北京：中国农业科学技术
出版社，2020. 11
　ISBN 978-7-5116-4878-5

　Ⅰ.①中…　Ⅱ.①信…　Ⅲ.①中国农业科学院–历史–研究　Ⅳ.①S-242

中国版本图书馆 CIP 数据核字（2020）第 129647 号

责任编辑　朱　绯
责任校对　马广洋

出 版 者　中国农业科学技术出版社
　　　　　北京市中关村南大街 12 号　邮编：100081
电　　话　（010）82106626（编辑室）　　（010）82109702（发行部）
　　　　　（010）82109703（读者服务部）
传　　真　（010）82106626
网　　址　http://www.castp.cn
经 销 者　各地新华书店
印 刷 者　北京科信印刷有限公司
开　　本　710 mm×1 000 mm　1/16
印　　张　14. 75
字　　数　205 千字
版　　次　2020 年 11 月第 1 版　2020 年 11 月第 1 次印刷
定　　价　60. 00 元

《中国农业科学院发展简史研究》
编撰委员会

顾　问：王连铮　　沈桂芳　　庄巧生　　刘志澄

　　　　甘晓松　　高历生　　张子仪

主　编：信乃诠

副主编：安成福　　汪飞杰

编　者（以姓氏笔画为序）：

　　　　马俊元　　王小虎　　王述民　　王晓举

　　　　许世卫　　贡锡锋　　李巨光　　沈银书

　　　　宋田芝　　孟宪松　　袁龙江　等

序

　　中国农业科学院建立于 1957 年 3 月，是中华人民共和国成立后的三大科学院之一，是中国农业科技发展史上的里程碑，如今已走过63 年。

　　63 年只是我国五千年文明史长河的一瞬间，却是中国迈向农业现代化进程的一大步。作为我国在农业科学技术方面最高学术机构和全国农业科学研究中心，中国农业科学院自成立以来，始终与祖国同行、与农业科技共进。通过几代人的不懈努力，顽强拼搏，开拓和建立了新中国农业科学各主要学科、专业领域，不断铸就新的辉煌。

　　这里群星璀璨，会集了中国农业科学技术的奠基人和开拓者，造就了一代又一代农业科技领军人物和闻名中外的农业科学家。这里硕果累累，为新中国各个历史时期农业发展与建设做出了重要的创新贡献，作为"火车头"带动和支持了新中国农业技术体系和创新体系的建设与发展。这里形成了国家农业科学思想智库，依靠专家的智慧和才能，运用科学理论和方法，研究提出我国农业和农业科技领域具有全局性、方向性、基础性、前瞻性的科学建议，为国家、部门的宏观决策提供了重要依据。

　　回顾历史，辉煌已成过去；展望未来，前程任重道远。今天的中国，站在了实现中华民族伟大复兴的新起点；今天的中国农业科学院，迎来了实现创新发展的难得历史机遇。面对世界新科技革命的新挑战，面对国家农业发展的新需求，中国农业科学院时刻牢记习近平总书记致建院 60 周年贺信"面向世界农业科技前沿、面向国家重大需求、面向现代农业建设主战场，加快建设世界一流学科和一流科研院所，勇攀高峰，率先跨越，推动我国农业科技整体跃升"的指示要求，锐意改革，创新发展，努力抢占世界农业科技竞争制高点，牢牢掌握我国农业科技发展主动权，为我国由农业大国走向农业强国提供坚实的科技支撑。

撰写《中国农业科学院发展简史研究》（简称《简史研究》，全书同），是中国农业科学院工作和科技创新发展的需要。以信乃诠为主编的《简史研究》编撰委员会，在王连铮、沈桂芳、庄巧生、刘志澄、甘晓松、高历生、张子仪等领导、院士、专家的大力支持下，怀着对中国农业科学院深厚感情和对事业的孜孜追求，以刻苦认真、严谨求精的科学态度，先后查阅了中国农业科学院和农业农村部档案资料，在中国农业科学院院志、年报、年鉴、资料选编以及历次院庆祝活动展出的相关资料和公开出版物等基础上，编撰了这部《简史研究》。资料翔实、内容丰富，可读性较强。作为热爱中国农业科学院、从事科研和科技管理工作的点滴奉献，应予以充分肯定和鼓励。

在《简史研究》问世之际，谨以此篇，表达对各位老领导、老院士、老专家的敬意。

中国农业科学院院长

中国工程院院士　　　唐华俊

2020 年 5 月

编撰者的话

　　中国农业科学院是国家级综合性的科研机构。60 多年来,在党中央、国务院的亲切关怀下,在农业农村部和有关部委的大力支持下,经过艰苦跋涉和攀登,达到今天如此高度,并取得了可观成就,为国家农业和农村发展做出了重要贡献。

　　2017 年是中国农业科学院建院 60 周年。为了庆祝这个难忘的日子,以信乃诠为主编的《简史研究》编撰委员会,用了近两年时间,在已有工作基础上,广泛收集、查阅、整理相关文献资料,编撰了《简史研究》。

　　《简史研究》是以中国农业科学院院长任期为单元,以科技工作为主线,记载了 60 年来各历史时期中国农业科学院的科研体制、机构、人员、科技活动、成果与转化、国际合作与交流、后勤保障等有关资料,共计 9 章,最后为结束语,较系统地总结了 60 年来中国农业科学院在曲折发展中的历史经验和教训,同时,展望了未来创新驱动发展的美好愿景。

　　在编撰《简史研究》过程中,编者先后查阅了中国农业科学院档案、农业农村部档案资料,在《中国农业科学院志(1957—1997)》、1986—1997 年《中国农业科学院年报》、1998—2016 年

《中国农业科学院年鉴》和《中国农业科学院科技工作资料选编（1978—1998）》以及建院 30 周年、40 周年、50 周年庆祝活动编辑展出的相关资料和公开出版的书刊等已有资料基础上，开展《简史研究》编撰工作。在一些重要阶段和重点问题上，还走访了有关专家、同事，通过回忆和核实，力求真实、准确、客观地反映历史事实，对做好《简史研究》编撰工作起了一定作用。同时，在初稿完成后，还分别按章送请庄巧生、刘志澄、甘晓松、高历生、梅旭荣等专家、领导审阅，做出必要修改和补充。为此，在《简史研究》问世之际，敬向提供文献资料的专家、机构及审阅草稿的专家、领导表示衷心的感谢！

撰写《简史研究》是中国农业科学院工作和科技创新发展的需要，也是编撰委员会成员怀着对中国农业科学院深厚感情和对事业的孜孜追求，伴随中国农业科学院走过 60 余载的回忆和思考，谋划撰写《简史研究》，作为热爱中国农业科学院、从事科研和科技管理工作的点滴奉献。但是，由于时间跨度大、涉及领域多、内容比较繁杂，编撰同志认识能力和水平有限，撰写《简史研究》只是初步的、有待完善的，不可避免还存在着缺点和错漏，敬请指正。

编撰《简史研究》工作先后得到院长唐华俊、原党组书记陈萌山等领导重视与支持，得到院职能部门和有关研究所的支持与协助。

2020 年，在唐华俊院长、张合成书记关心、支持与鼓励下，在院办公室王晓举主任的协调下，《中国农业科学院发展简史研究》正式出版，在此，一并表示深深的谢意！

2020 年 5 月

目　录

第一章　奠基和创业（1954—1957 年）……………………………（1）

第一节　中国农业科学院的筹建　………………………………（2）

第二节　各项事业的开展　………………………………………（6）

第三节　院学术委员会的成立　…………………………………（9）

第四节　科研工作起步　…………………………………………（11）

第二章　发展与调整（1958—1965 年）……………………………（14）

第一节　组织参与十二年科学技术发展规划编制　……………（16）

第二节　发展、调整与精简　……………………………………（17）

第三节　调整中恢复与发展　……………………………………（19）

第四节　科学研究的新进展　……………………………………（24）

第五节　主要外事工作　…………………………………………（28）

第三章　挫折与损失（1966—1976 年）……………………………（31）

第一节　"文革"对中国农业科学院的影响　……………………（32）

第二节　科研工作遭受严重损失　………………………………（34）

第三节　在逆境中的行进与希望　………………………………（35）

第四节　科研工作取得新进展、新成果　………………………（38）

第五节　主要外事工作 ……………………………………（42）

第四章　恢复与发展（1977—1981 年） ………………（44）

第一节　迎来科学的春天 …………………………………（45）

第二节　全面收回和新建研究机构 ………………………（49）

第三节　参加制定科技发展规划 …………………………（53）

第四节　科研工作恢复与发展 ……………………………（54）

第五节　主要外事工作 ……………………………………（60）

第五章　改革、探索与发展（1982—1987 年） ………（63）

第一节　编制院"七五"规划和后十年设想 …………（64）

第二节　调整院及研究所方向任务 ………………………（66）

第三节　恢复、组建中国农业科学院第二届学术委员会 ……（70）

第四节　加强农业研究和开发研究 ………………………（72）

第五节　积极探索科技体制改革 …………………………（81）

第六节　敞开国际科技交流大门 …………………………（83）

第七节　迎来建院 30 周年 ………………………………（88）

第六章　改革、引领与发展（1988—1994 年） ………（91）

第一节　调整科技工作的战略布局 ………………………（92）

第二节　组织重点科技攻关 ………………………………（97）

第三节　加强农业基础研究和基础性工作 ……………（102）

第四节　继续推进科研体制改革 ………………………（106）

第五节　科研机构能力综合评估 ………………………（110）

第六节　建立院、所两级科研管理体制 ………………（112）

第七节　对外科技交流新进展 …………………………（114）

第七章　深化改革、创新与持续发展（1995—2001 年） ……（119）

第一节　深化科技体制机制改革 ………………………（120）

第二节　科研重大进展与突破 …………………………………（124）

第三节　开创科技开发工作新局面 ………………………………（132）

第四节　科研工作大检查 …………………………………………（135）

第五节　人才队伍建设与研究生教育 ……………………………（138）

第六节　国际合作与交流新发展 …………………………………（141）

第七节　迎来建院 40 周年 ………………………………………（145）

第八章　调整办院方针与持续发展（2002—2011 年）………（148）

第一节　调整办院方针、重新定位 ………………………………（149）

第二节　科研工作持续创新发展 …………………………………（155）

第三节　加快科技开发与服务"三农" …………………………（158）

第四节　国际科技合作与交流扩展 ………………………………（163）

第五节　人才队伍建设与研究生工作 ……………………………（166）

第六节　大幅增加投入与加强平台建设 …………………………（169）

第七节　迎来建院 50 周年 ………………………………………（171）

第九章　全面深化改革与跨越发展（2012—2017 年）………（174）

第一节　建设现代农业科研院所 …………………………………（176）

第二节　实施科技创新工程 ………………………………………（179）

第三节　科研重大突破与引领创新发展 …………………………（181）

第四节　加强科技成果转化应用与服务现代农业 ………………（186）

第五节　人才队伍协调发展与研究生教育多元化 ………………（191）

第六节　国际合作交流与农业科技"走出去" …………………（194）

第七节　迎来建院 60 周年 ………………………………………（198）

结束语 …………………………………………………………………（204）

附录一　中国农业科学院历任院长 ………………………………（213）

附录二　2011—2016 年中国农业科学院所属科研机构 ………（214）

附录三　中国农业科学院与地方共建科研机构……………………（217）

附录四　中国农业科学院两院院士…………………………………（218）

附录五　**1957—2017 年中国农业科学院获国家奖励**
　　　　科技成果数量　…………………………………………（220）

附录六　中国农业科学院近年获国家科技成果奖励项目录……（221）

后　记……………………………………………………………（223）

第一章　奠基和创业（1954—1957年）

1954年秋，中共中央决定筹建中国农业科学院。中共中央农村工作部9月16日《关于筹建农业科学研究院问题的批复》指出："为统一全国农业科学研究工作的领导，配合农业合作化运动，以促进农业生产的发展，建立这样一个农业科学研究机关确属必要"。10月14日中国农业科学研究院筹备小组正式成立，由万众一任组长。同时，国务院10月31日批复："同意建立农业科学研究工作协调委员会，并核定作为农业部的机构，由农业部领导。"在《农业科学研究工作协调委员会简则（草案）》中，明确"协助国家主管业务部门筹建中国农业科学院"，作为农业科学研究工作协调委员会的任务之一；组织起草《建立中国农业科学研究院草案》，初步勾画出中国农业科学院的基本框架。

中国农业科学院于1957年3月1日在北京正式成立。在成立大会上，农业部部长廖鲁言致开幕词，邓子恢副总理到会，并做了重要讲话。同年5月18日，农业部党组接到中央农村工作部4月30日(57)中农干通字第27号通知："4月24日中央批准：丁颖为院长，金善宝、陈凤桐、程绍迥、朱则民为副院长，朱则民兼秘书长，刘春安、唐川、李伯林为副秘书长。"

在成立大会前，分组讨论和修改了《中国农业科学院试行组织简则》、丁颖院长做了《关于我国农业科学研究工作的状况和今后任务》的报告，与会代表展开了热烈讨论。

在《中国农业科学院试行组织简则（草案）》中，明确了中国农业科学院的基本任务为：科学研究的方向，要理论与实际结合，努力为社会主义农业服务，充实科研机构，培养优秀人才，从而确立中国农业科学研究中心和领导中心的地位。中国农业科学院的创建为新中国农业科学事业发展奠定了人才基础和组织基础。

中国农业科学院是在原华北农业科学研究所和原农业部领导的行政大区农业科学研究所及一些专业研究所基础上组建的。1957年建院初期包括作物育种栽培、土壤肥料、植物保护、棉花、镇江蚕业、农业气象、原子能利用、畜牧、哈尔滨兽医、兰州畜牧兽医、农业机械11个研究所（室），连同原来由农业部领导划转的东北、西北、华东、华中、华南、西南等农业科学研究所，共有职工5 561人，其中科技人员2 096人。与此同时，中国农业科学院在基础研究、应用研究和为生产服务等诸多方面开展工作，取得了一批重要成果，为下一阶段的发展奠定了基础。

1957年11月，经国务院批准，中国农业科学院学术委员会成立。设农学学组、园艺特产学组、植保学组、土壤肥料学组、畜牧学组、兽医学组、农业机械化学组、农业经济学组，共84名委员，丁颖院长任主任委员。

第一节　中国农业科学院的筹建

1949年，中华人民共和国刚刚成立，党和政府就十分重视农业科学研究事业。在接管原有农业科研机构的基础上，分别成立东北、华北、西北、西南、华东、华南 6 个大区一级综合农业科研机构。还设立一批中央一级的专业农业科研机构，包括林业、水产、农机具等科研机构。部分省、区和部分地、县也相继成立了农业科学研究所、农业试验场和示范农场。

为了适应社会主义经济建设的需要，1954 年 8 月 14 日，农业部党组给中央农村工作部核转中央《关于筹建农业科学研究院向中央的报告》① 提出："目前国家进入计划经济建设，农业增产任务很大，农业生产合作社迅速发展，对农业科学技术的要求日益增加，所以农业科学研究工作必须相应地加强。""选拔一批全国著名的农业科学家组建中国农业科学研究院②，以便统一与加强全国农业科学研究工作的领导，实感迫切需要。"并认为"正式成立中国农业科学研究院是一件重要而复杂的工作"，需要"先建立中国农业科学研究院筹备委员会"。同年 9 月 16 日，中央农村工作部《关于筹建农业科学研究院问题的批复》③ 指出："为统一全国农业科学研究工作的领导，配合农业合作化运动，以促进农业生产的发展，建立这样一个农业科学研究机关确属必要。""同意农业部党组先行成立筹备小组的意见"。10 月 14 日中国农业科学研究院筹备小组正式成立，由万众一任组长，刘定安、孙森甫任副组长。10 月 31 日国务院批复：同意建立农业科学研究工作协调委员会，并核定作为农业部的机构，由农业部领导；同意协调委员会简则及名单。在《农业科学研究工作协调委员会简则（草案）》中，明确农业科学研究工作协调委员会的任务之一是"协助国家主管业务部门筹建中国农业科学院"，农业科学研究工作协调委员会的日常办事机构为中国农业科学院筹备小组。组织起草《建立

---

① 中国农业科学院档案，1955 年 5 卷 5 号
② 中国农业科学院档案，1956 年 1 卷 1 号、15 卷 1 号
③ 中国农业科学院档案，1957 年 28 卷 1 号、35 卷 6、8 号

中国农业科学研究院草案》，勾画出研究院的基本框架。1956 年 4 月23 日，农业部给国务院第七办公室、总理并报中央《关于筹建中国农业科学院问题的报告》[①] 中提出："多次与党内外科学家就筹建中国农科院恳切交换意见，一致认为正式成立中国农科院已刻不容缓。""关于中国农科院的任务，我部建议暂定为：根据《全国农业发展纲要》和国家农业生产计划的要求，组织与进行重大农业科技问题的研究，以新的发现和发明来为农业增产服务，为巩固农业生产合作社服务，同时保证我国农业科学事业的高速发展和尽速赶上国际先进的农业科学技术水平。"7 月 2 日，农业科学研究工作协调委员会召开常设工作委员会扩大会议决定，由丁颖、朱则民（召集人）、过兴先、沈其益（召集人）、沈隽、何家泌、吴福桢、陈凤桐、陈凌风、周拾禄、冯泽芳、冯兆林、唐川、蹇先达、戴松恩组成中国农业科学院成立大会报告委员会，并由中国农业科学院筹备组于 1956 年 7 月 25 日函告各有关方面。

1957 年 2 月 5 日至 4 月 30 日，聘任全苏列宁农业科学院副院长、遗传育种专家米哈依·亚历山特罗维奇·亚历桑斯基为中国农业科学院筹建工作顾问。

中国农业科学院于 1957 年 3 月 1 日在北京正式成立[②]。来自全国各地农业科研机构和高等农业院校的农业科学家、各有关团体以及苏联农业部和全苏列宁农业科学院的代表等，共计 400 多人，参加了成立大会。在成立大会上，农业部部长廖鲁言致开幕辞，并宣布了经国务院批准的中国农业科学院正副院长和经国务院第七办公室批准的院学术委员会名单，邓子恢副总理向大会做了指示。同年 5 月 18 日，

---

① 中国农业科学院干部处档案，1957 年 312 卷

② 中华人民共和国农业部，《农业部关于中国农业科学院成立经过报告》，（57）农办秘言字第 19 号，1957 年 3 月 25 日

农业部党组颁布《关于农业科学院院长、副院长任命问题》，接到中央农村工作部 4 月 30 日（57）中农干通字第 27 号通知："4 月 24 日中央批准：丁颖为院长，金善宝、陈凤桐、程绍迥、朱则民为副院长，朱则民兼秘书长，刘春安、唐川、李伯林为副秘书长。"5 月 17 日，中国农业科学院召开中共农业部中国农业科学院分党组第一次会议，明确了分党组的任务，陈凤桐同志为分党组书记。

成立大会前，开了 4 天的预备会，分组讨论和修改了《中国农业科学院试行组织简则》、丁颖院长《关于我国农业科学研究工作的状况和今后任务》报告、《1957 年农业科学重点研究项目》等文件。成立大会后，又开了 4 天院学术委员会扩大会议，宣读了 13 篇论文，着重讨论了"农科院 1957 年工作要点"。与会代表展开讨论并提出意见与建议。

丁颖院长在报告中指出：中国农业科学院的成立是我国农业科学事业发展中的一件大事，标志着我国农业科学事业新的开始。中国农业科学院是我国农业科学技术的领导中心。其基本任务是，根据国家农业生产的计划、农业生产实践中的客观需要和世界农业科学的发展趋势，组织领导全国农业科学家进行有关农业生产技术和农业科学理论的研究，以新的科学研究成果，保证我国社会主义农业生产和农业科学的不断提高和发展。并提出：从提高农作物单位面积产量、发展畜牧业及养蚕业、开垦荒地扩大耕地面积、农业机械化、农业经济区划和农业企业经营管理几个主要方面，积极开展开创性的研究活动。

中国农业科学院的成立，标志着中国农业科学研究事业走上了统一部署、全面发展的新阶段，实现了农业科学家多年来的愿望与要求，受到全国农业科技界的热烈欢迎。

中国农业科学院院部办公地为新中国成立后恢复的华北农业科学研究所，地址是北京白祥庵路 2 号，即现在北京市海淀区中关村南大街 12 号。

建院伊始，在国务院和有关部委的支持下，争取到国内外的一些科学家来院工作。1957年前后，冯泽芳、戴松恩、盛彤笙、鲍文奎、李光博、顾青虹、路葆清、吴福桢、曾省、吕炯、祖德明、汤逸人、冯兆林、叶和才、许绶泰、陈善铭、刘金旭、徐叔华等，连同已经在院的高惠民、张乃凤、邱式邦、王绶、庄巧生、郑丕留、吴大昕等，他们所在研究所成为我国农业科学主要学科和专业领域重要的研究中心。

第二节　各项事业的开展

一、科研机构

中国农业科学院是在华北农业科学研究所和原农业部领导的6个大区研究所①以及一些专业研究所的基础上建立的。1957年8月27日，国务院在中国农业科学院召开科学规划座谈会，同意中国农业科学院成立作物育种栽培研究所、土壤肥料研究所、植物保护研究所、畜牧研究所、棉花研究所、农业气象研究室、原子能利用研究室、哈尔滨兽医研究所、兰州畜牧兽医研究所、镇江蚕业研究所、农业机械研究所11个研究所（室），连同原由农业部领导划转的东北农业科学研究所、西北农业科学研究所、华东农业科学研究所、华中农业科学研究所、华南农业科学研究所、西南农业科学研究所，共有职工5 561人，其中科技人员2 096人。

---

① 4月15日，农业部将华北、东北、西北、华东、华中、华南、西南等农业科学研究所、哈尔滨兽医研究所、兰州畜牧兽医研究所筹备处、镇江蚕业研究所、农业机械化研究所交由中国农业科学院领导

1958 年农村人民公社化运动前后，毛泽东、周恩来、刘少奇、朱德、邓小平等党和国家领导人分别视察了中国农业科学院、山东省农业科学研究所和浙江省农业科学研究所，并做了重要指示。各地相继成立了一批农业科研机构，随后中国农业科学院也相继成立了农田灌溉、农业经济、油料、果树、蔬菜、养蜂、甜菜、茶叶、烟草、麻类等研究所。[①] 1959 年后，中国农业科学院又相继成立了大豆、花生、甘薯、水牛、黄牛、家禽、沼气等一批专业研究所。[②] 这个时期科研机构数量猛增，研究所总数达到 34 个，基本覆盖了农业科学研究的主要学科和专业。

二、科研工作

新中国成立后，中共中央和中央人民政府及时提出了"理论联系实际，科学为生产服务"的科研工作方针，当时针对农业生产种子混杂、播种过稀、耕作粗放、肥料短缺和病虫害严重等问题，中国农业科学院联合农业部有关单位召开一系列专业会议，研究工作，布置任务。1957 年 7 月，根据李富春副总理指示，由中国农业科学院负责组织全国化肥试验网，在全国有组织有系统地进行化肥实验示范研究工作。8 月 1—9 日，中国农业科学院在北京召开全国肥料研究工作会议。接着，农业部、中国农业科学院召开第一次全国化肥实验网会议，研究并布置全国化肥实验网工作。8 月 15 日，中国农业科学院在陕西武功召开全国小麦锈病研究工作会议。8 月 21—24 日，中国农业科学院和农业部种子管理局共同主持在陕西武功召开全国冬小麦品种联合区域试验座谈会，布置冬小麦品种联合区域试验工作。10 月 5—11 日，中国农业科学院、农业部外联局、粮食生产局联合在湖北武

---

① 中国农业科学院档案，1962 年 174 卷 9 号
② 中国农业科学院档案，1963 年 190 卷 1 号

昌召开水稻科学技术经验交流会。11月5—8日，中国农业科学院植物保护研究所在北京召开棉铃虫研究工作座谈会。11月16—21日，中国农业科学院在南京华东农业科学研究所召开棉铃虫研究工作座谈会。12月2—7日，中国农业科学院在南京召开长江流域双季稻考察工作总结会议。12月24—30日，中国农业科学院在北京召开猪饲料和猪经济杂交座谈会等。

1954—1957年，中国农业科学院在筹建期间还针对当时生产上的问题，组织农业科技人员深入农村、深入实际，先后在华北的河北、山西和淮北的安徽等地建立基点，总结分析群众丰产经验，解决深耕、密植、合理施肥、适时播种及田间管理中的关键技术和防御小麦晚霜冻害问题；收集、整理和选育各种作物优良品种，有计划有步骤地进行品种改良；重点开展蝗虫、螟虫、小麦锈病、棉花枯黄萎病等主要病虫害的发生规律和防治方法及动物疫病（猪瘟、牛瘟）防控问题。在研究总结群众丰产经验和增产技术、防病减灾的基础上，制定并发布了主要作物和主要疫病的生产技术指导纲要，指导农民科学种田和动物疫病防控，有力地促进了农业生产的恢复与发展。

三、外事工作

中国农业科学院刚刚成立，首先加强同苏联和东欧社会主义国家的科技交往。1957年5月4日，我国著名水稻专家丁颖教授和小麦育种学家金善宝教授分别被选为全苏列宁农业科学院的通讯院士。11月23日，应全苏列宁农业科学院邀请，中国农业科学院丁颖院长和金善宝副院长分赴莫斯科参加全苏列宁农业科学院召开的十月革命40周年纪念大会。12月10—13日，中国农业科学院副秘书长刘春安出席在民主德国柏林召开的社会主义国家农林科学协调会议第一次工作组会议。1957年10月21日至1958年1月18日，以农业部副部长杨显东为组长，中国农业科学院畜牧研究所所长陈凌风、土壤肥料研究所所长张乃凤、作物育种栽培研究所副所长戴松恩和许运天、李志农为组员的中国访苏科学技术代表团农业顾问组在莫斯科与苏联科学家讨论我国 1956—1967 年科学技术发展远景规划、中苏两国农业方面的合作项目以及两国农业科学院之间的合作项目，参观考察莫斯科等地的农业科研机构、高等院校、国营农场和集体农庄等。1958 年 3 月 27 日，根据中蒙两国协议，受农业部派遣，中国农业科学院参加援蒙蔬菜农场工作组赴乌兰巴托，帮助其开展蔬菜生产。同年，英国皇家科学院李约瑟博士专程到中国农业科学院农业遗产研究室与专家进行学术交流等。

第三节　院学术委员会的成立

1955 年 2 月，中国科学院李四光副院长在全国科联召开农林学会各专门学会的学术讨论会上提议，建立农林水利科技工作协调委员会，使有关农、林、水、气象等方面的科学研究力量和研究活动步调统一，密切配合，更好地为农业合作化和农业增产服务。这一提议得到农业部和全国科联的积极赞赏以及到会科学家们一致同意，商定仿照工业部门的先例，建立农、林、水利科学工作协调委员会。农业部采纳这一建议，同年 8 月 2 日，农业部和全国科联共同邀请来京出席第一届二次全国人民代表大会的农业科学家、各学会选出参加协调委员会的在京的科学家以及国务院七办、国家计委、农业部、高教部、水利部、林业部、气象局等参会人员共 30 余人，举行了座谈会，就协调委员会的名称、任务、组织和领导关系进行了讨论。到会人员一致同意农业部和全国科联所拟的简则草案，并主张把名称"农林水利科学协调委员会"改为"农业科学研究工作协调委员会"。农业部 9 月 9 日给国务院第七办公室并报总理《关于建立农业科学研究工作协调委员会的报告》。同年 10 月 31 日国务院作了批复：同意建立农业科学研究工作协调委员会，并核定作为农业部的机构，由农业部领导；同意协调委员会简则及名单。在《农业科学研究工作协调委员会简则（草案）》中，将"协助国家主管业务部门筹建中国农业科学院"，作为农业科学研究工作协调委员会的任务之一；中国农业科学院筹备小组为农业科学研究工作协调委员会的日常办事机构。农业科学研究工作协调委员会的成立，加强了全国农业科学研究的组织和协调工作。

1957 年 3 月，国务院第七办公室批复成立中国农业科学院学术委员会，并经国务院批准丁颖、丁根麟、万国鼎、王绶等 81 人为学术委员会委员，丁颖为主任委员。学术委员会开了 4 天的扩大会议，除丁颖院长[①]等宣读《我国栽培水稻的起源和演变》论文外，重点讨论了"农科院 1957 年工作要点"。强调要同农业部当前和今后的重要工作结合起来，为调动农业科学队伍的积极因素，争取今后农业生产取得更大丰收，规定了较实际的具体行动和努力方向。

1957 年 11 月 12—30 日，中国农业科学院学术委员会第二次扩大会在北京召开，重点讨论《1956—1967 年全国农业发展纲要（修正草案）》，并且根据这个纲要讨论和制订 1958 年的农业科学研究计划。11 月 28 日，聂荣臻副总理出席会议，并做了重要讲话[②]，他指出："今年年初我们建立了中国农业科学院，应从各方面加强它、支持它，使它成为全国农业科学的领导中心和重点的研究中心，并围绕这个中心把各农业科学研究机构和高等农业院校组成一个全国农业科学工作网。中国农业科学院应根据《1956—1967 年全国农业发展纲

---

① 农业部《关于全国农业科学技术工作会议的简要情况》，1963 年 3 月
② 聂荣臻副总理在中国农业科学院学术委员会扩大会议上的讲话（记录稿），农业部档案，1957 年 11 月 28 日

要（修正草案）》和全国科学技术发展远景规划，提出全国农业科学研究的方向和任务，制订重点研究工作计划，组织全国各有关方面的农业科学研究力量，进行协调和合作，并对我国农业科学的发展采取适当的措施或提出建议。"最后，聂荣臻副总理希望在工作中，特别注意四点：其一，从农业科学研究方面来保证《1956—1967 年全国农业发展纲要（修正草案）》的实现；其二，加强中国农业科学院和国务院科学规划委员会农业组的工作；其三，深入开展整风运动，改进工作；其四，切实注意培养工人和农民的农业科学技术干部。中国农业科学院根据这一精神，及时组织各方面科学家，编制出农业科学技术研究计划，组织全国有关方面农业科技力量开展协作研究。

第四节 科研工作起步

建院初期，中国农业科学院就把"理论联系实际，科学为生产服务"作为科研工作的基本方针。科研工作重点包括农作物种质资源收集整理和利用、新品种培育、低产土壤改良、主要病虫害防治、动物品种培育及主要疫病防控等研究，并在农业基础研究和应用基础研究的一些领域取得重要进展和突出成果。代表性、标志性重要科研成果如下。[①]

1. 中国栽培稻种的起源及其演变

丁颖院长根据我国野生稻的地理分布、古籍记载、出土文物以及关于"稻"字的语系等方面的考证，论证了我国栽培的稻种起源于华南，日本的稻种是由我国传去的。澄清了中国栽培稻种来自印度的

---

① 所列科研成果来自牛盾主编，信乃诠、石燕泉副主编的《1978—2003 年国家奖励农业科技成果汇编》，中国农业出版社，2004 年。成果内容略做修改

谬误，并指出我国 1800 多年前已有籼稻和粳稻的分类。还从生态学角度指出，栽培稻种都是由自己的祖先野生稻在不同生态条件下和长期人工选择下演变而来的①。

该研究成果，论证了中国稻种起源于华南，为我国栽培稻种的起源、演变和生态分类做出了重大理论贡献。

1978 年获全国科学大会奖。

2. 蝗虫综合防治研究（北部蝗区）

蝗虫是我国历史上的大害虫。新中国成立后，植物保护研究所等长期致力于蝗虫防治研究，通过深入蝗区实地调查，总结群众治蝗经验，对我国蝗虫种类、发生规律、生物学特性、防治技术等进行了深入系统的研究，创造性地提出了"改治并举"治蝗策略和技术，成为我国北部地区综合防控蝗灾的成功范例，达到了世界先进水平。

1978 年获全国科学大会奖。

3. 小麦条锈病防治研究

从 1950 年开始，对小麦条锈病进行了深入研究，主要成果内容：基本明确了我国条锈菌越夏、越冬和地区间传播规律。查明条锈菌生理小种类型、组成和变化动态，到目前条锈菌生理小种有 20 个类型，不同时期出现的频率不同。在这一研究基础上，提出了《小麦抗锈品种合理布局和利用的建议》，经农林部批准下达，小麦抗锈品种在全国基本普及，对保障小麦稳产高产做出了贡献。

1978 年获全国科学大会奖。

4. 农药六六六制造研究

原华北农业科学研究所农药室 1949 年开展了杀虫剂六六六的研制。攻克多项技术难关，生产出六六六原粉 500 余吨，从而结束了我

---

① 丁颖，《中国栽培稻种的起源及其演变》，在中国农业科学院成立大会上的报告，1957 年 3 月 6 日

国不能自制有机合成农药的历史。

1952 年共生产六六六原粉 500 余吨，在防治飞蝗和消毒杀菌中起了重大作用。

1978 年获全国科学大会奖。

5. 猪瘟兔化弱毒疫苗研制

哈尔滨兽医研究所与农业部兽医生物药品监察所合作，针对烈性传染病猪瘟疫苗的研制，取得了突破性的技术成果。他们先后用 4 个品系猪瘟病毒，连续通过 1 500~2 000 克的大耳白兔，培育成功一株猪瘟兔化弱毒，是一株对猪十分安全、没有残余毒力、免疫效果良好的弱毒疫苗。猪瘟兔化弱毒疫苗，注射 3 天后产生免疫力，对断奶仔猪的免疫期可达 1.5 年，而且成本低、效果好，有效地防控了我国猪瘟的流行。

这种疫苗在 20 世纪 60 年代初，经匈牙利、波兰、罗马尼亚、意大利、德国等应用后，一致认为安全有效。1976 年联合国粮农组织和欧洲经济共同体召开的专家会议，认为中国的猪瘟兔化弱毒的应用，对控制和消灭欧洲猪瘟做出了重大贡献。

1978 年获全国科学大会奖，1983 年获国家技术发明一等奖。

第二章 发展与调整（1958—1965 年）

　　1956 年年初，党中央做出"向科学进军"的决策。国家决定制定科学技术发展远景规划，中国农业科学院积极配合中国科学院，组织近百名农业科学家参与《1956—1967 年科学技术发展远景规划纲要（草案）》和《1957 年重要科学技术任务》农业组的编制工作，共提出了 4 项任务和 51 个中心问题，分解出 330 个课题。同时，在农业部领导下，中国农业科学院还组织制定了《1956—1967 年农业科学研究方案》，提出今后农业科学研究的基本任务就是为农业社会主义改造服务，为国家农业增产计划服务。

　　随着 12 年科学技术发展远景规划和农业科学研究方案的实施，中国农业科学院直属研究机构快速发展，科研队伍日益壮大，在"大跃进"期间，全院一度科研机构达到 37 个。1960 年，根据国家科委关于《科研机构精简、迁移、合并、下放和撤销的意见》，经过精简下放，中国农业科学院科研机构由原来的 36 个缩减至 24 个，职工 2 916 人（科技人员 1 131 人），即机构下放超过 1/3，职工精简 70% 以上。随后迅速调整，至 1965 年，已成为拥有 32 个研究所、职工总数 3 000 余人的大型综合性科研机构，并形成了主要学科、专业齐全的科研布局。

　　与此同时，反右、"大跃进"等全国性运动相继发生，对发展、调整中的中国农业科学院产生了重大冲击。在剧烈的政治风浪中，中国农业科学院曲折发展，尽其所能保护了一些科学家。"大跃进"过后，中国农业科学院竭力纠"左"，整顿科研秩序。1961 年，中国农业科学院认真贯彻《关于自然科学研究机构当前工作的十四条意见》，取得了良好效果。1962 年 9 月 29 日，周恩来总理接见了在北京参加国家科委农业组扩大会议的 60 多位农业科学家。周恩来总理指出，农业科学研究机构精简过了头，这件事做错了。科学研究方面的设备、仪器、人才和场地都要解决，可作为紧急措施来处理。会后亲自批准给中国农业科学院增加 400 名人员的编制。

1963 年 2 月 8 日至 3 月底，中共中央、国务院在北京召开了全国农业科技工作会议。会议着重讨论和审议了 1963—1972 年农业科学技术各有关专业的发展规划，并对以后 20~25 年农业技术改造规划设想进行了座谈；提出在全国建立农业十大综合试验研究中心；恢复并建立了全国农业科技工作协调委员会等。从 1964 年开始，中国农业科学院大批农业科技人员赴贵州花溪、河北廊坊等地，参加农村"四清"运动。1965 年 3 月，国务院召开了全国农业科学实验工作会议，要求各级农业科研机构大力开展以"样板田"为中心的农业科学实验运动，中国农业科学院的科技人员"下楼出院"深入农村蹲点，搞"样板田"，先后在黄淮海平原的山东省禹城、陵县和湖南省祁阳改造中低产田做出了显著成绩，受到表彰和奖励。

届时，中国农业科学院的科研机构由 1960 年的 24 个，增加到 33 个，职工人数达 6 364 人，其中科技人员达 3 284 人。一系列有力措施，为全院稳定发展创造了条件，这是 20 世纪 60 年代取得重要科技成果的基础。

1964 年 10 月 14 日，全国人大代表、中国科协副主席、中国科学院学部委员、中国农业科学院第一任院长、水稻专家丁颖，因病在北京逝世，享年 76 岁。1965 年 7 月 19 日，国务院任命金善宝为中国农业科学院院长。

第一节　组织参与十二年科学技术发展规划编制

1955 年，国务院科学研究计划工作小组提出了编制 12 年科技规划的报告。随后，在周恩来总理领导下，国务院成立了科学规划委员会，调集几百名各种门类和学科的科学家参加编制规划工作，历经 7 个月完成了《1956—1967 年科学技术发展规划纲要》和 4 个附件，标志着新中国科技发展规划的正式诞生。

在此期间，刚刚成立的中国农业科学院，积极配合中国科学院，组织近百名农业科学家参与《1956—1967 年科学技术发展远景规划纲要（草案）》和《1957 年重要科学技术任务》农业组的编制工作，共提出了 4 项任务和 51 个中心问题，分解出 330 个课题，其中提高农作物单位面积产量的研究有 167 个课题，占总课题的 50.6%；荒地开发问题有 7 个课题，占总课题的 2.1%；扩大森林资源、森林合理经营和森林合理利用有 42 个课题，占总课题的 12.7%；提高畜牧业、水产业和养蚕业的产量和质量问题有 114 个课题，占总课题的 34.6%。同时，对农业部门的科研体制、现有人才的使用方针、干部培养等做出了规定，是一个项目、人才、体制统筹安排的规划。

同时，在农业部领导下，中国农业科学院还组织制定了《1956—1967 年农业科学研究方案》，提出之后农业科学研究的基本任务就是为农村社会主义改造服务，为国家农业增产计划服务。

第二节 发展、调整与精简

1958 年农村人民公社化运动前后，毛泽东、周恩来、刘少奇、朱德、邓小平等分别视察了中国农业科学院、山东省农业科学研究所和浙江省农业科学研究所，并做了重要指示。随后中国农业科学院成立了农田灌溉、农业经济、棉花、油料、蔬菜、养蜂、甜菜、茶叶、烟草、麻类等研究所。[①] 3 月 19—25 日，中国农业科学院在北京召开全国农业科学研究所、站长及其直属研究所、室领导参加的会议，除所属 17 个专业研究所（室）和 6 个大区农业科学研究所外，还有 16 个省、直辖市、自治区农业科学研究所（站）负责人参加，中央农村工作部、国务院科学规划委员会、农业部、中国科学院也派员出席指导。会议讨论农业科技队伍要到大生产浪潮中去，农业科学如何跃进，因为正值全国范围的"大跃进"运动。随后，中国农业科学院分党组做出决定，抽调京区科研机构科研人员 2/3 的力量，组成 19 个农业科学工作队，到各省区支援农业生产"大跃进"。

同年，7 月 10—31 日，中国农业科学院召开 6 个大区农业科学研究所、专业研究所所长会议，农业部负责同志做了《我们面临的新形势与新任务》的决议[②]（下称《决议》）报告。认为农业科研机构的思想落后于农民实践，主要原因是右倾保守、厚洋薄土、脱离生产、脱离实际、脱离群众。提出农业科学研究的目的是实现农业大面积高额丰产，两三年内达到更高的世界水平。要求各级农业科研机构破除迷信，解放思想，"插红旗""拔白旗"，进行业务上和组织上改革，

---

① 中国农业科学院档案，1962 年 174 卷 9 号
② 中国农业科学院档案，1958 年 73 卷

在思想上和研究方法上来一个革命。农业部于 8 月 20 日批准了《决议》①，并决定将所属中国农业科学院的 6 个大区农业科学研究所的行政业务关系，除西南农业科学研究所下放云南省外，其他农业科学研究所下放到所在省领导，并作为地方建制。《决议》严重破坏了农业科学研究工作的正常秩序，挫伤了广大农业科技人员的积极性。

1958—1959 年，中国农业科学院的研究机构又有很大发展②。1958 年 4 月 11 日，在兰州成立中兽医研究所；5 月 10 日，在北京成立农业经济研究所；9 月 15 日农业部同意中央农村工作部的农村经济研究所与中国农业科学院农业经济研究所合并。9 月 22 日，经国务院科学规划委员会同意，中国农业科学院又相继成立了大豆、花生、甘薯、水牛、黄牛、家禽、沼气等一批专业研究所③。1959 年 1 月 19 日，在安徽阜阳成立沼气研究所。之后，又分别在北京、南京成立两个农业机械化研究所等。这个时期研究所数量猛增，中国农业科学院的直属研究机构，在 1957 年 11 个专业所的基础上，到 1959 年总数达到 34 个研究所。

1959 年 2 月 16 日至 3 月 1 日，中国农业科学院在北京召开全国农业科学研究工作会议，研究工作，布置任务。5 月 18 日，国家主席刘少奇视察中国农业科学院，并实地参观冬小麦高产试验田。12 月 1 日，中国农业科学院在北京召开全国农业科学研究工作会议。1960 年，根据国家科委关于《科研机构精简、迁移、合并、下放和撤销的意见》，农业部决定将原属中国农业科学院建制的大豆、花生、薯类、沼气、养猪、养羊、养牛、黄牛、水牛、家禽、蚕业 11 个研究所下放归所在省的建制和直接领导。将作物遗传育种与作物栽培生理两所

---

① 中国农业科学院档案，1958 年 73 卷

② 中国农业科学院大事记

③ 中国农业科学院档案，1962 年 174 卷 9 号；1963 年 190 卷 1 号

合并，恢复作物育种栽培研究所；土壤微生物研究所合并到土壤肥料研究所；农业化学研究所合并到植物保护研究所。兽医生物药品监察所改由农业部直接领导，中国农业科学院不再代管。经过这次精简下放，中国农业科学院由原来的 36 个研究所（室）、职工 8 759 人，缩减为 24 个研究所（室）、职工 2 916 人，即机构下放超过 1/3，职工精简 2/3 以上，使刚刚组建起来中国农业科学院大伤元气，削弱了专业研究机构的骨干作用，使科研人员的稳定性和科研工作的连续性受到很大影响。

第三节　调整中恢复与发展

中国农业科学院结合自身实际，认真贯彻《关于自然科学研究机构当前工作的十四条意见（草案）》（简称《科研十四条》），制定了《关于贯彻国家科委当前工作十四条意见（草案）的若干具体问题》（即十二条），指出中国农业科学院科研机构的根本任务是"出成果，出人才"，要求"五定"，即"定方向、定任务、定人员、定设备、定制度"，保证每周有 5/6 时间用于科研，建立严格、严密、严肃的工作秩序等，对稳定科研工作正常秩序，调动科技人员的积极性，起到了很大的作用。

为庆祝新中国成立 10 周年，农业部和中国农业科学院组织编写的 10 部农业科学著作相继出版。1959 年 4 月，金善宝主编的《中国小麦栽培学》；8 月，丁颖主编的《中国水稻栽培学》，相继由农业出版社出版。9 月，中国农业科学院植物保护研究所主编的《中国植物保护科学》由科学出版社出版。之后，《中国棉花栽培学》《中国油菜栽培学》《中国果树栽培学》等陆续由农业出版社出版。丁颖院长主持由 12 个科研、教学单位参加的"中国水稻品种光温生态条件反应试验研究"起步。并在广州华南农学院筹建中国农业科学院水稻生态研究室。

1960年1月1日,《中国农业科学》创刊。4月21日,朱德委员长再次视察中国农业科学院养蜂研究所并题词。5月18日,董必武副主席视察中国农业科学院沼气研究所。

1961年1月10日,中共中央批准程照轩同志为农业部副部长兼中国农业科学院副院长、分党组书记。8月24日,农业部党组研究决定,中国农业科学院分党组成员增加祖德明、高惠民、杨国敬同志;原分党组成员林山同志任分党组副书记,列在副书记朱则民同志之后。12月,朱德委员长视察中国农业科学院茶叶研究所等。

1962年2月,国务院在广州召开了全国科技工作会议,周恩来、陈毅、聂荣臻同志分别做了重要讲话,为知识分子"脱帽加冕",强调知识分子在社会主义建设中的重要作用。7月9日,中国农业科学院召开院务会议和院长办公会议,研究通过关于中国农业科学院职工大会、院务会议和院长办公会议等制度。9月25日,以于光远为组长的中共中央宣传部工作组进驻中国农业科学院,由国家科委范长江副主任召开农业组扩大会议,邀请包括中国农业科学院60多位农业科学家座谈,听取意见和建议。9月29日,周恩来总理接见了参加这次会议的科学家,并做了重要讲话①,他指出,农业科学研究机构精简过了头,这件事做错了。科学研究方面的设备、仪器、人才和场地都要解决,可作为紧急措施来处理。会后亲自批准给中国农业科学院增加400名人员的编制②。12月19日,中国农业科学院召开院属研究所所长会议,讨论修改了《中国农业科学院研究所暂行工作条例》

① 1962年9月29日,周恩来总理接见国家科委农业组扩大会议的科学家时的讲话记录,全国农业科学实验工作会议秘书处

② 11月6日,国务院对中国农业科学院的批复:国务院基本同意关于在各地高等农业院校精简的教师中选择补充中国农业科学院技术研究人员400人的意见

《中国农业科学院1963—1972年科学事业发展规划》等文件，会议期间，农业部部长廖鲁言和国家科委副主任范长江到会并做指示。此间，中国农业科学院又建立了柑桔研究所、青海高原工作站、草原研究所、西南工作站、小麦品种研究室、水稻生态研究室、家畜血吸虫病研究室等；农业气象室①、科技情报室、图书馆恢复独立建制；北京农业机械化研究所、南京农业机械化研究所划出。到1965年，中国农业科学院的科研机构由1960年的24个增加到33个，职工人数达6 364人，其中科技人员达3 284人。

　　1963年1月5日，中共中央宣传部科学处处长、经济学家于光远参加中国农业科学院院长办公会议，讲述加强和提高农业经济与区划研究问题。1月8—19日，中国农业科学院在北京召开农业经济科学研究座谈会，于光远到会做报告。2月8日至3月底，中共中央、国务院在北京召开了全国农业科技工作会议。会议着重讨论和审议了1963—1972年农业科学技术各有关专业的发展规划②，并对以后20~25年农业技术改造规划设想进行了座谈；提出在全国建立农业十大综合试验研究中心；恢复并建立了全国农业科技工作协调委员会。8月23日，《人民日报》报道中国农业科学院河南新乡和湖南祁阳两基点低产田改良取得的成果。9月5日，中央批准张维城同志任农业部党组成员、中国农业科学院副院长、分党组书记；免去程照轩同志兼任副院长和分党组书记职务。10月，中国农业科学院京区新分配来的239名大学毕业生到中阿公社、畜牧研究所树村实验场、通县永乐店、湖南祁阳基点参加劳动实习。12月16日，中国农业科学院院长办公会议，讨论并制定《中国农业科学院试行组织简则》《科学技术

---

　　①　农业气象研究室是1957年建院时，由中国科学院地球物理研究所和中国农业科学院联合组建

　　②　《1963—1972年全国农业科学技术发展规划纲要》（草稿），国家科委农业组，1962年10月

干部管理工作条例试行草案》《关于科学技术人员业务考核的执行办法》等规章制度。

1964年1月20日，中国农业科学院颁发了《中国农业科学院研究所试行工作条例》。4月11日，朱德委员长在北京接见中国农业科学院蚕业研究所驻新疆工作组顾青虹等3人。5月28日，国家科学技术委员会在北京科学会堂召开农业十大综合试验研究中心会议，丁颖院长、张维城副院长，顾复生、张万章、徐叔华、俞启葆等出席会议。7月，中共中央委员会总书记邓小平视察中国农业科学院特产研究所。8月，朱德委员长为中国农业科学院和中国茶叶学会创办《茶叶科学》书写刊名。9月，谭震林副总理指示，由中国农业科学院、农业部、中央气象局组成调查组，对北方各省区小麦干热风进行调查。12月27日，中国农业科学院两次邀请来京参加全国人大会议和政协会议的江苏、山东、陕西、四川、吉林5省农业科学院及华南热带作物研究所负责同志，就如何组织动员全国农业科学技术力量为生产服务的问题交换意见。12月底，中国农业科学院大批农业科技人员赴贵州花溪、北京中阿公社和河北廊坊、武清等地，参加农村"四清"运动。

1965年2月26日，国务院在北京召开了全国农业科学实验工作会议①，谭震林副总理做报告，要求各级农业科研机构大力开展以"样板田"为中心的农业科学实验运动。周恩来总理做了重要讲话。毛泽东主席等党和国家领导人接见了全体会议代表。会后，3月26日，国务院农林办公室、国家科委决定建立黄淮海平原综合试验研究中心新乡地区领导小组，中国农业科学院为该领导小组成员之一。中国农业科学院召开由院属研究所（室）参加的工作会议，传达并贯彻落实国务院会议精神，组织科技人员"下楼出院"深入农村蹲点，

---

① 周恩来总理做了重要讲话。毛泽东主席等党和国家领导人接见了会议全体代表

搞"样板田"。在山东鲁西北和河南豫北地区蹲点的科技人员，总结研究群众改碱经验和土壤水盐运动规律，提出了盐碱土棉麦保苗增产技术措施。在湖南祁阳蹲点的科技人员，针对南方低产地区的突出问题，研究提出了"冬干'坐秋'，'坐秋'施磷，磷肥治标，绿肥治本，一季改双季，晚稻超早稻"一整套技术措施，为红黄壤低产田改良、促进水稻丰收做出了突出成绩。4 月 26 日至 5 月 3 日，中国农业科学院农田灌溉研究所与农业部农田水利局在新乡联合召开 12 省（区）灌溉试验工作座谈会。6 月 5 日，谭震林副总理、农业部江一真副部长等领导到中国农业科学院作物育种栽培研究所南圃场视察小麦品种试验。6 月 10 日，中国农业科学院在江苏镇江召开全国农田排灌会议。7 月 2—10 日，中国农业科学院在北京召开农业科学实验工作座谈会。7 月 19 日，国务院第 157 次全体会议决定，金善宝为中国农业科学院院长（（65）农政干字 123 号）。9 月，根据农业部江一真代部长指示：中国农业科学院与北京农业大学组成考察组到北方各省考察旱情，总结抗旱经验。10 月 30 日，农垦部王震部长到蚕业研究所考察该所驻新疆工作组的工作情况。11 月 8—13 日，中国农业科学院哈尔滨兽医研究所编制的《马传染性贫血病检疫规程》由农业部主持召开审查座谈会。11 月 23 日，国务院农林办公室转发中国农业科学院农业经济研究所《关于房山县平原片农业区划试点工作中几个问题的报告》。

1966 年 3 月 16—31 日，中国农业科学院在北京召开第三次全国作物育种工作会议，总结成绩，研究育种工作方向与任务等。4 月 11 日，谭震林副总理就朱则民副院长对吉林九站农业科学研究所高产稳产经验的调查做了批示，指出要宣传和推广。

第四节　科学研究的新进展

在调整、精简、恢复曲折发展中，开展一系列科技活动，取得了一定进展。

一、科技活动

1958—1965 年，中国农业科学院结合生产实际和科技发展中的问题，召开各种专业性会议，主要有：第一次全国大田作物品种会议，第一次全国育种工作会议，全国水稻科学研究会议，第二次、第三次全国棉花试验研究会议，全国第一次油料作物科学研究工作会议，第一届全国蔬菜研究会议，全国第一次全国植物保护科学研究工作会议，全国小麦锈病研究工作座谈会，全国畜牧研究工作会议，第一次、第二次全国中兽医研究工作座谈会，第二次全国口蹄疫研究工作座谈会，马传染性贫血病研究工作会议，东北地区马传染性贫血病研究工作会议，第一次全国农业机械化工作会议。此间，中国农业科学院联合农业部、水利部、中央气象局、中国科学院等召开有关专业会议，主要有：全国土壤普查鉴定工作现场会，全国土壤普查鉴定工作科学讨论会，灌溉科学研究工作会议，第一届全国农业气象会议，全国黏虫研究学术讨论会，等等。

6 月 8 日经农业部批准，中国农业科学院向各省（自治区、直辖市）农业科学院（所）印发《关于统一掌握和管理全国同国外交换种子苗木的通知》。中国农业科学院协同地质部和农业部组成新疆垦区农业技术考察团，为发展新疆棉、粮基地进行科学考察工作。

二、重要科技成果①

1. 农作物方面

选育一批作物新品种

水稻"京越 1 号"、异源八倍体小黑麦、北方冬小麦"北京 8号""北京 10 号"、南方冬小麦"南大 2419"、春小麦"京红号系列"、"原新 1 号"高粱雄性不育系及"原杂号"高粱、油菜"甘油 3号"、棉花"中棉 3 号"、龙井茶新"龙井 43"、多倍体无籽西瓜的培育与研究、梨"锦丰""早酥"等。

上列农作物良种均获 1978 年全国科学大会奖。

2. 土壤肥料方面

冬干鸭屎泥水稻"坐秋"及低产田改良研究

水稻"坐秋"是我国南方低产地区生产中一个突出问题。土壤肥料研究所等单位 1960 年在湖南祁阳县官山坪，开始了冬干鸭屎泥、白夹泥、黄夹泥水稻"坐秋"的研究。明确了水稻"坐秋"是由于冬泡田冬干后，土壤中速效磷降低所引起的。经四年反复验证，提出"冬干'坐秋'，'坐秋'施磷，磷肥治标，绿肥治本，一季改双季，晚稻超早稻"改良利用冬干水稻"坐秋"田的一套措施，有效地防治了"坐秋"的危害，官山坪水稻亩产由 100～150 千克稳定提高到250～300 千克。1963 年湖南省在 400 万亩冬干"坐秋"田上推广上述技术措施，约增产稻谷 1.8 亿千克，为我国南方改良土壤，提高水稻产量，发展农业生产的重要途径。

1964 年获国家技术发明奖一等奖。

豫北地区盐渍土棉麦保苗技术措施研究

20 世纪 60 年代，土壤肥料研究所（祁阳）在豫北新乡县洪门公

---

① 所列科研成果来自牛盾主编，信乃诠、石燕泉副主编的《1978—2003 年国家奖励农业科技成果汇编》，中国农业出版社，2004 年。成果内容略做修改

社，总结研究群众改碱经验和土壤水盐运动规律，提出了一整套棉麦保苗增产技术措施。麦类：伏前耕翻，伏期开沟，蓄水淋盐；适时早播和选育冬性较强的优良品种。棉花：冬耕晒垡"养坷垃"，初春耙地"造坷垃"；开沟躲盐巧种；适时晚播，采取热犁热种；配合其他措施，如选育优良品种、浸种催芽、科学用肥和整枝打杈等。

1964 年获国家技术发明奖一等奖。

合理施用化肥，提高化肥利用率研究

改氮肥表施、浅施为深施，如压粒深施、耕层深施、液体肥深施、开沟深施、旱地扎孔深施等，有效地防止了氮素的挥发和流失，提高了氮肥肥效，增产作用明显。据 1975 年统计，全国推广 1 亿亩以上，可节约氮肥 200 万~300 万吨，增产粮食 50 亿千克左右。

1978 年获全国科学大会奖。

3. 植物保护方面

利用草蛉防治害虫及其饲养技术研究

针对草蛉防治存在的问题，开展了室内与农村基点相结合的研究，主要技术成果：研究成功用纸条（或塑料薄膜条）做隔离物，集体饲养草蛉的方法，克服了不能集体饲养的难关；利用延长光照和提高温湿度方法，打破草蛉休眠，解决了冬季连续饲养的问题；找出一套适合推广的饲养工具；研究成功几种饲养草蛉成虫的代饲料以及一套饲养米蛾繁殖草蛉的技术，从而使繁殖工作可以不受季节和自然条件的限制，为有计划地利用草蛉防治害虫创造了条件。

这套适用技术在全国 21 个省、市有关单位利用草蛉防治粮、棉、油、果树、蔬菜等害虫，取得了可喜的结果。

1978 年获全国科学大会奖。

农药混合粉剂的研制

1964—1965 年，进行了有机磷与六六六混合粉剂的研制，着重解决加工工艺，使用形式，对施药人员的毒性和治螟药剂效果等技术问题。通过室内及在湖南近万亩稻田的药剂试验，证明甲六混合粉（即1.5%甲基1605+3%丙体六六六混合粉）和乙六混合粉（即1%乙基1605+3%丙体六六六混合粉）的治螟药效与已推广的六六六粉效果相当，并且对人畜安全。

多年推广使用证明，这两种混合粉兼治效果好。每年的混合粉剂产量均占粉剂总量的30%左右。

1978年获全国科学大会奖。

4. 农用新仪器（表）方面

NYD-2型低水平β放射性测量仪

1965年研究成功NYD-2型低水平β放射性测量仪，分为探头、流气系统和反符合定标器三部分，所采用特制的多阳极内屏蔽计数管，结构紧凑，防漏严密，性能良好，使外屏蔽铅室重量大大减轻，为同类装置中最轻的一种。全部是用国产元件。能满足理、工、农、医、国防等部门在涉及放射性污染研究监测极微量β放射性小样本的需要。

1978年获全国科学大会奖。

5. 兽医方面

牛肺疫弱毒菌苗

牛肺疫是牛的主要传染病之一。1956年，哈尔滨兽医研究所开始进行了牛肺疫弱毒菌种的研究，研制出牛肺疫兔化弱毒菌苗和牛肺疫兔化绵羊化弱毒菌苗。这两种菌苗，适合我国黄牛、奶牛、牦牛等使用，均表现安全、有效，保护率在92%以上，免疫期可达2年。

以上弱毒菌种已于1976年正式移交给农林部兽医药品监察所鉴定、保存、发放，并推广到全国范围内应用。

1978年获全国科学大会奖。

羊痘鸡胚化弱毒疫苗

哈尔滨兽医研究所为了找到预防羊痘的疫苗，将羊痘强毒接种于鸡胚的绒毛尿膜上培养传代，于 1957 年培育成羊痘鸡胚化弱毒株。用此弱毒株生产疫苗，1 只绵羊反应弱毒疫苗可防疫 10 万只绵羊，不仅可以用于绵羊防疫，还可用于预防山羊痘。

1958 年哈尔滨兽医研究所制订《羊痘鸡胚化弱毒疫苗制造及检验规程》。此后为全国控制羊痘流行起到了很大作用。有不少国家先后引用我国生产的羊痘疫苗。

1978 年获全国科学大会奖。

第五节　主要外事工作

在此期间，外事往来主要是面向以苏联为首的社会主义国家。主要外事工作往来如下。

1959 年 2 月 28 日，丁颖院长当选为捷克斯洛伐克农业科学院院士。9 月 19—28 日，丁颖院长率中国科学技术协会代表团赴波兰华沙参加世界科学技术协会代表团大会。9 月 29 日至 10 月 24 日，丁颖院长分别访问波兰、民主德国。

1961 年 10 月 7—20 日，丁颖院长应邀参加民主德国农业科学院成立十周年纪念会。8 月 24 日，中国农业科学院接待参加北京科学讨论会的 15 个国家 24 位科学家参观访问。

1963 年 10 月 5 日，丁颖院长主持接待出席世界科学工作者协会北京中心成立大会越南代表、越南农林学院院长裴辉答。11 月 5 日，根据周恩来总理指示，中国农业科学院茶叶研究所承担援助几内亚整套制茶机具改制任务。

1959 年 5 月 25 日，苏联国家科学技术委员会副主席科罗米采夫到中国农业科学院农业机械化研究所参观访问。10 月 31 日，以朝鲜农业部部长金万金为团长的朝鲜农业代表团到中国农业科学院访问。

12 月 7 日，几内亚农村经济部长巴里·索里到中国农业科学院访问。

1960 年 6 月 7 日，以阿尔梅伊达为团长、加尔瓦略为副团长的智利农业代表团一行 13 人来中国农业科学院访问。6 月 26 日，匈牙利农业考察团一行 8 人来我国考察玉米和饲料作物的栽培技术，并参观中国农业科学院作物育种栽培研究所、土壤肥料研究所、畜牧研究所等。

1962 年 8 月 20—24 日，以阿拉伯联合共和国农业部农作研究司司长为团长的农业考察团来中国农业科学院访问。

1963 年 7 月 2—6 日，越南农林学院院长、农业研究院院长裴辉答率领越南农业考察团到中国农业科学院参观访问。9 月 24—25 日，朝鲜农业科学院院长金启铉团长率领农业代表团到中国农业科学院参观。

1964 年 2 月 25 日，金善宝、张维城、程绍迥副院长等会见来院访问的以于利校长为团长的阿尔巴尼亚地拉那大学代表团。8 月 24—25 日，出席北京科学讨论会的缅甸、朝鲜、越南、锡兰（斯里兰卡）、印度尼西亚、巴基斯坦、伊拉克、日本、加纳、墨西哥、马里、柬埔寨、苏丹、泰国、索马里、布隆迪、智利等国家的科学家，到中国农业科学院土壤肥料研究所、作物育种栽培研究所和畜牧研究所参观。8 月 28 日至 9 月 4 日，应匈牙利农业部部长罗松契·帕尔的邀请，由团长程照轩、团员许运天、周振寰组成的中国农业代表团参加匈牙利第 65 届全国农业展览会和博览会，并进行友好访问。1964 年，茶叶研究所设计、杭州新登茶机厂制造的大型绿茶初精制成套设备，出口几内亚、马里等国。

1964 年 3 月 27 日，朝鲜科学考察团、朝鲜农业委员会科技司局长金杨秀等到中国农业科学院作物育种栽培研究所参观。

1964 年 5 月 5 日，印度尼西亚国家研究部部长苏佐诺朱湼·普斯波内戈罗率领科学代表团到中国农业科学院参观访问。9 月 29 日，以越南劳动党中央委员、农业部部长杨国政为团长的越南农业考察团参观访问中国农业科学院。

1965 年 7 月 19 日，巴基斯坦考察人民公社代表团一行 3 人来中国农业科学院参观。

1966 年 6 月 22 日至 7 月 23 日，应金善宝院长的邀请，丹麦皇家兽医农学院米尔托斯教授（前任院长）及夫人来中国农业科学院考察访问。

第三章 挫折与损失（1966—1976 年）

　　"文化大革命"使新中国刚建立不久的宝贵农业科学技术基础遭到了极大的摧残。中国农业科学院的领导干部和许多知名科学家遭到迫害，大批科研机构被划转、下放或撤销，全院只留下 1 个新成立的直属研究所。到 1968 年年底，6 名院级干部都成为被"打倒"对象，12 名所级干部成为被"打倒"或"重点审查"对象，上百名副研究员以上高级研究人员，被"立案审查"。

　　1969 年 10 月，大批科技人员到河南确山、辽宁兴城"五七"干校接受"再教育"。1970 年 5 月 14 日，国务院副总理纪登奎和农林部部长沙风到中国农业科学院召开了全院主要干部大会，传达了中央精神，并具体布置体制下放。会议指出，农业研究要彻底走群众路线，不能靠 48 个研究所（包括农林渔业），要靠广大群众搞，依靠七亿五（农民群众），不依靠七千五（农业科技人员）。在极左思想指导下，中国农业科学院原有的 33 个研究所（室），有 31 个研究所下放地方，农业经济研究所撤销，只留下固定设备难以撤迁的原子能利用研究所。

　　1970 年 8 月 23 日，国务院决定撤销中国农业科学院的建制，与中国林业科学研究院合并，成立中国农林科学院。院管理机构包括办公室、生产组、政工组、后勤组、历史专案清查办公室，全院暂定编制 620 人，组成 35 个科技服务组（队），奔赴革命圣地和"红旗点"蹲点，实行"三同"，即"同吃、同住、同劳动"，接受贫下中农"再教育"。这种拆散专业研究机构的做法波及全国农业科研机构，导致农业科学研究停顿下来，从而拉大了我国农业科技同世界先进水平的差距。

1972 年 8 月，根据周恩来总理的提议，召开了全国科技工作会议，这是"文革"以来第一次全国性讨论科技工作的会议。会上，一些著名科学家反映的科技工作中存在的问题，得到周恩来总理的重视与支持。周恩来总理多次指示：要重视基础科学和理论研究。中国农业科学院连续多年进行的基础研究和应用基础研究有所恢复，在作物遗传育种、主要病虫害发生规律和动物疫病防控等方面，取得多项科研成果。

1972 年 4 月，农林部召开了全国农林科技座谈会，并在全国农业展览馆举办农业、林业、牧业、渔业方面的科技成果展览。国家领导人在座谈会上强调指出，中国农业科学院"对下放所不能撒手不管，下放所要承担全国性任务，设备、资料要妥善保管，仪器、资料不得分散毁坏"。这次会议后，一些下放所的情况有所好转，科研工作逐步得到恢复和加强。这次科技座谈会还编制包括水稻杂种优势利用等 22 项重大科技项目的协作研究计划，由中国农林科学院等单位牵头，组织全国农业科研、高等院校和中国科学院有关力量，成立专项协作组，排除各种干扰，坚持科研工作和联合攻关，并取得了一定的成就。

第一节 "文革"对中国农业科学院的影响

1966 年 5 月，"文革"开始。10 月中央工作会议后，运动范围由文化、教育领域及党政机关、事业单位，迅速扩展到工矿企业和广大农村。在"文革"中，中国农业科学院及所属单位的广大科技人员和职工被运动冲击，几乎全部卷入"怀疑一切""打倒一切"的运动中。各级领导干部作为"走资派"而不断地被批斗和"靠边站"，一些专家、学者被认为有政治历史问题等，被戴高帽、罚跪、扭打、游街示众，横遭批判和打击迫害。"红旗"和"红总"群众组织之间的严重对立，"造反派"夺权活动相继出现和蔓延，长时间冲击院政治部、所政治处，打、砸、抢成风，科研机构陷于瘫痪，人才队伍散失，仪器设备损坏，各项工作基本停顿。中国农业科学院是"重灾户"，20世纪50年代从全国征集的农作物品种资源，其中包括的珍贵材料，损失严重。丁颖院长收集研究的2 000多份北方粳稻品种资源全部丧失发芽力。

1966年，麦收前由少数人提出要"开放"育种，导致当年小麦试验田中的优异后代品系为国营农场一些人员前来自由选取株穗，给随后几年的选育工作造成不良影响。土壤肥料研究所从全国不同区域采集的土壤标本全部散失，植物保护研究所建立的昆虫标本严重损坏，原子能利用研究所的同位素实验室停工停产，各所正在实施的各项科研计划、项目被迫中断，研究工作遭受极大损失。

根据中央通知精神，1967年12月27日中国人民解放军宣传队和1969年1月工人宣传队进驻中国农业科学院，结束了动乱，稳定和恢复了各项工作和生活秩序，推动和促进了两派群众组织的"革命大联合"。

1970年成立了有革命干部代表、军队代表和革命群众代表的"三结合"革命委员会，苏格曼任主任，周世雄、赵秋志等任副主任，承担起日常工作、生活和社区管理责任，使中国农业科学院各项工作逐步恢复和展开。

第二节 科研工作遭受严重损失

更有甚者，1969年10月，根据中央有关精神，专业科研机构下放，大批科技人员到河南确山、辽宁兴城"五七"干校接受"再教育"。

1970年5月14日，国务院副总理纪登奎和农林部部长沙风到中国农业科学院召开了全院主要干部大会，传达了中央精神，并具体布置体制下放。会议指出，农业研究要彻底走群众路线，不能靠48个研究所（包括农林渔业），要靠广大群众搞，依靠七亿五（农民群众），不依靠七千五（农业科技人员）。在极左思想指导下，中国农业科学院原有的33个研究所（室），有31个研究所下放地方，农业经济研究所撤销，只留下固定设备难以撤迁的原子能利用研究所。8月23日，国务院决定撤销中国农业科学院的建制①，与中国林业科学研究院合并②，成立中国农林科学院。院部管理机构：办公室、生产组、政工组、后勤组、历史专案清查办公室。全院暂定编制620人。10月24日至12月9日，经国务院负责同志批准，决定将中国农业科学院畜牧研究所下放青海省，麻类研究所下放湖南省，棉花研究所、农田灌溉研究所、植物保护研究所及郑州果树研究所下放河南省，油料作物研究所、烟草研究所、土壤肥料研究所、蔬菜研究所、作物育种栽培研究所、茶叶研究所、柑桔研究所、蚕业研究所、草原研究所、甜菜研究所、养蜂研究所、农业气

---

① 时任国务院副总理纪登奎对《关于农科院、林科院体制改革的报告》批示，"同意报告第三次下放的方案，作为第一步。留下的新机构620人，待再审查一次，另批。"

② 中国农业科学院和中国林业科学研究院。在两院合并期间（1970.8—1978.3），本书重点反映了中国农业科学院的科研工作

象室、植物保护研究所农药室、西昌试验站等分别下放给有关省、直辖市、自治区。哈尔滨兽医研究所下放给黑龙江省，兴城果树研究所下放给辽宁省，兰州兽医研究所（包括兰州畜牧部分和永昌、皇城羊场）下放给甘肃省，仪器厂下放给河南省周口地区。中国农业科学院院部试验地，1970年1月31日，农业部军代表同意北京地铁二期工程占用土地30余亩（南圃场），北京文体百货包装总厂50亩、果脯厂66.97亩。中国农业科学院试验农场原有936.24亩，划转后仅剩137.48亩。1970年7月后，中国农林科学院暂留人员组成35个科技服务组（队），奔赴全国各地的革命圣地（韶山、延安、遵义等）和"红旗点"（大寨、黄冈、遵化等）蹲点，实行"三同"，即"同吃、同住、同劳动"，接受贫下中农"再教育"。同时，科研人员利用专业所长，结合当地农业生产发展需要，开展科学试验和技术咨询服务。例如，大寨科技服务队总结大寨培肥土壤，把"三跑田"变成"三保田"的理论与实践；延安科技服务队创造性地解决平川地不能种麦难题，为当地"小麦下川"、促进农业增产、农民增收做出了贡献，等等。以上这种拆散专业研究机构的做法波及全国，导致各地农业科学研究所亟须开展的研究工作停顿下来，从而拉大了我国农业科学研究同世界先进水平的差距。

1971年12月9日，中国农林科学院党的核心小组成立，苏格曼任组长，赵秋志、张云、周文书同志为副组长。在极困难的条件下，维持并有限地开展科研和其他各项工作。

第三节 在逆境中的行进与希望

难能可贵的是，周恩来总理等国家领导人在极端困难的处境下，为减轻"文革"对农业科技工作的干扰和破坏，采取各种形式进行抵制和斗争。

1972 年 8 月，根据周恩来总理提议，召开了全国科技工作会议，这是"文革"以来第一次全国性讨论科技工作的会议。会上，一些著名科学家反映的存在问题，得到周恩来总理的重视与支持。周恩来总理多次指示：要重视基础科学和理论研究①。中国农业科学院连续多年进行的基础研究和应用基础研究开始得到恢复，在作物遗传育种、主要病虫害发生规律和畜禽疫病防控等方面，取得多项重要科研成果。

1972 年 4 月，根据国家领导人的指示，农林部在北京召开了全国农林科技座谈会②，并在全国农业展览馆举办农业、林业、牧业、渔业方面的科技成果展览。国家领导人在座谈会上强调指出，中国农业科学院"对下放所不能撒手不管，下放所要承担全国性任务，设备、仪器要妥善保管，仪器、资料不得分散毁坏"。这次会议后，一些下放所的情况有所好转，科研工作逐步得到恢复和加强。这次会议还编制了包括水稻杂种优势利用、马传染性贫血病疫苗研制与防控等 22 项重大科技项目的协作研究计划，由中国农林科学院等单位牵头，组织全国农业科研、高等院校和中国科学院有关力量，成立专项科研协作组，排除各种干扰，坚持科研工作和联合攻关，并取得了一定科技成就。

1972 年 9 月，作物育种栽培研究所从日本引进粳稻三系（不育、保持、恢复）配套种子。11 月，中国农林科学院在江苏苏州召开水稻科研协作会，组织开展全国农业科研机构、高等农业院校和中国科学院有关科研单位参加的科研大协作。

1973 年 10 月，中国农林科学院和湖南省农业科学院主持，在长

---

① 周恩来：《重视基础科学和理论研究》（1972 年 9 月 11 日），《周恩来书信选集》，中央文献出版社，1988 年版，第 617 页
② 3 月 31 日，国家重要领导人关于农林科技座谈会的指示；4 月 29 日，国家重要领导人会见全国农林科技座谈会各省、市、区领队同志时的讲话（均为记录稿）

沙召开第一次全国杂交稻科研协作会议。10 月 10—22 日，中国农林科学院主持，在江苏苏州召开第二次全国杂交水稻科研协作会。10 月 19—30 日，在湖南长沙召开全国水稻雄性不育系研究协作会议。

1974 年 10 月 21—23 日，中国农林科学院和湖南省农业科学院主持，在广西南宁召开第三次全国杂交水稻科研协作会①，对参试几十个杂交组合进行实地测产，多数试验小区亩产超过 650 千克，少数高产组合在 750 千克以上。广西农学院种植的"二九南 1 号"不育系与"IR24"配制的杂交种，面积 1.27 亩，平均亩产 597.6 千克，比早稻当家品种"广选 3 号"翻秋栽培增产 48.4%，比晚稻当家品种"包选 2 号"增产 61.5%，比高产亲本"IR24"增产 48.8%。会上宣布杂交水稻科研协作攻关取得突破。

1975 年 10 月 21—31 日，中国农林科学院和湖南省农业科学院主持，在长沙召开第四次全国杂交水稻科研协作会。代表考察湖南、江西、广东、广西等省区 4 200 余亩双季晚稻现场，并鉴定 1 400 亩早稻的生产表现，一致同意杂交水稻研究成功。12 月，农林部主持在广州召开南方 13 省、自治区、直辖市农林办公室主任、农业厅厅长、中国农林科学院院长和有关省（自治区、直辖市）农业科学院院长参加的杂交水稻扩繁生产会议。组织 2 万多人参加的扩繁大军，去海南冬繁制种，使 1976 年杂交水稻种植面积一举达到 208 万亩。

1976 年 8 月，中国农林科学院和湖南省农业科学院主持，在长沙召开南方 13 省、自治区、直辖市杂交水稻协作单位碰头会。10 月 5 日，中国农林科学院金善宝院长给邓小平写信，建议以良种方式向第三世界国家和人民提供援助。

1974 年 3 月 2 日，《中国农业科学》复刊。9 月 15 日，中国农林科学院及柑桔研究所对福建、广东、广西、云南、湖南、湖北、江西

---

① 笔者代表中国农业科学院出席会议，并参加主持杂交水稻试验现场测产验收工作

和浙江等柑橘主产省（区）进行调查，向农林部、对外贸易部、轻工业部和全国供销合作总社提出《建立柑橘良种商品（加工原料）生产基地的建议》，受到重视和采纳。

第四节　科研工作取得新进展、新成果

结合重大科技项目的落实和研究工作进展，中国农林科学院及下放到各省、自治区、直辖市的院属研究所，先后召开各种专业会议。

一、专业会议

1971 年 12 月 16 日，在杭州召开全国农药大田试验示范会议。

1972 年 9 月 10—19 日，在山东德州主持召开全国盐碱地改良利用科研协作会。10 月，根据李先念副总理指示，中国农林科学院主持有对外贸易部、商业部代表参加的优质苹果鉴评会，评出我国西北的苹果品质赶上和超过美国华盛顿生产的优质蛇果。

1973 年 2 月 20 日至 3 月 17 日，植物保护研究所在湖南长沙召开全国农作物病虫害预测预报座谈会。3 月 29 日至 4 月 3 日，在山东德州召开全国化肥试验网工作会议。4 月，在石家庄召开北方抗旱技术交流会。5 月 26—29 日，在石家庄召开全国小麦高产科研协作会议，并提出小麦增产的几项技术，指导小麦生产。8 月 18 日，土壤肥料研究所在河北邯郸召开全国改革耕作制度科研协作会。

1974 年 11 月 15—22 日，植物保护研究所在广东韶关举办全国农作物病虫害综合防治座谈会。

1975 年 7 月 16—22 日，植物保护研究所主持在辽宁大连召开全国小麦品种抗锈性鉴定协作会议。9 月，草原研究所主持在内蒙古锡

林浩特召开全国草原科研工作座谈会。

1976 年 2 月 21—26 日，在河北藁城召开杂交小麦科研协作座谈会。3 月 15—23 日，油料研究所、吉林省农业科学院和山东省农业科学院共同主持，在湖北襄樊召开第二次全国大豆科技协作会议。5 月 7—14 日，蔬菜研究所主持在山西太原召开全国蔬菜塑料大棚科研协作会。10 月 20—27 日，中国农林科学院在杭州召开家畜 6 号病（猪传染性水泡病）疫苗区域试验总结会。12 月 20—26 日，植物保护研究所在河南新乡召开全国病虫害综合防治研究协作座谈会等。

二、重要科技成果

中国农林科学院在艰难条件下，组织科研协作，联合攻关，取得了一些重要科技成果①，主要如下。

1. 果蔬罐藏品种研究

根据农林部、轻工部下达的任务，果树研究所和郑州果树研究所共同恢复果蔬罐藏品种的选育工作，对河南、辽宁、陕西、山东、上海等 11 省市重点产桃区的罐藏品种筛选和培育工作进行了普查，并通过扩大繁殖和中型生产试验，先后选育出"郑黄 2 号""郑黄 3 号"和"郑黄 4 号"等优秀罐藏品种。截至 1978 年，包括郑州果树研究所在内的科研协作选育出"豫白白桃""风露白桃""罐 5 号黄桃""丰黄黄桃""郑黄 2 号""郑黄 4 号"等优良罐藏品种，促进了各名优糖水桃罐头的生产建设任务。

由郑州果树研究所牵头组织有关科研单位对我国西北地区进行罐藏品种资源考察，较全面地收集了桃品种资源，为建立国家桃种质资

---

① 所列科研成果来自牛盾主编，信乃诠、石燕泉副主编的《1978—2003 年国家奖励农业科技成果汇编》，中国农业出版社，2004 年。成果内容略做修改

源保存圃打下了基础。

1978 年获全国科学大会奖。

2. 烟草单倍体育种

单倍体育种的特点是缩短育种周期。我国在烟草上首先成功，包括下列四个环节：杂交亲本的选配，单倍体植株的诱导，单倍体植株染色体的加倍，双单倍体品种筛选育成。1974 年用此法育出"单育 1 号"烤烟新品种。随后于 1976 年和 1977 年又相继育成"单育 2 号""单育 3 号"两个烤烟新品种。

1978 年获全国科学大会奖。

3. 飞机超低容量喷雾技术在农林牧业上的应用

1974 年与有关协作单位，设计和试制成功了飞机超低容量喷药设备，利用国产工业副产品为溶剂，与有关农药配制成专用油剂，进行了数百个配方试验，筛选出用于生产防治的超低容量制剂，可用于农林牧害虫、草原蝗虫、卫生害虫等防治。1975 年进行了 1.7 万亩的试验。1977 年进行了 311 万亩试验和生产防治，大多效果良好。特别在 1976 年唐山、丰南抗震救灾中，用飞机超低容量喷雾，及时扑灭灾区的蚊蝇，为防止疫病蔓延、保证灾区人民的健康发挥了重要作用。

1978 年获全国科学大会奖。

4. 农用放射性同位素标记化合物

1974 年起，先后用 ^{14}C、^{35}C 合成了 ^{14}C-六六六、^{14}C-敌枯双、^{14}C-杀虫脒、^{14}C-DDT、^{14}C-百草烯、^{14}C-托布津、^{14}C-胩基硫尿、^{14}C-纹枯利、^{35}S-乐果、^{35}S-3911、^{35}S-巴丹、^{14}C-ATC、^{14}C-辛硫磷、^{14}C-镇草灵、^{14}C-尿素等十几种农药、除草剂、氮肥增效剂及肥料的放射性同位素标记化合物，并合成十余种氰化钾、乙酸钠、乙醇等中间产物，初步填补了我国在农用标记化合物方面的空白。

1974 年以来，每年接受国家订货，向国内 10 多个省、直辖市、自治区有关单位供应。

1978 年获全国科学大会奖。

5. 研制出农用仪器（表）

主要有：LF-1 型离子自动分析仪、NYW-75 型积温仪、NYG-75 型积光仪等。

1978 年均获全国科学大会奖。

6. 彩色水貂杂交育种

特产研究所通过异型杂交途径，培育出 9 种色型 3 万多只彩貂，在 1007 只彩色母貂生产群中试验，受胎率达 86.8%，每胎平均产 6.21 只，仔貂成活率 84.3%，群平均成活率 4.56%。在 707 只公貂中试验，配种率达 94.8%，与标准貂生产性能无明显区别。

该所用上述方法培育出生活力强的彩色种貂已达 2 万余只，并在辽宁、河北、山东、内蒙古等 11 个省（市、区）推广。

1978 年获全国科学大会奖。

7. 家畜布鲁氏菌病羊型五号弱毒菌苗和气雾免疫法

1964 年开始，培育成气雾免疫用羊型五号弱毒菌种。该苗在防疫过程中，进行了气雾装置的设计和气雾免疫的研究。采用气雾免疫，大大提高了工作效率，免疫效果与皮下或肌内接种一致。新疆布防队等还进行了粉雾免疫试验，效果也很好。

该菌苗先后免疫家畜已达数千万头，均安全、有效、反应良好，对牛的免疫力可达 75%~100%，对羊的免疫力可达 90%以上。

1978 年获全国科学大会奖。

8. 猪丹毒（GC42 系）弱毒菌种的培育

1969 年培育成 1 株猪丹毒（GC42 系）弱毒菌种。本菌种在研究过程中进行了超过 12 万头猪注射免疫和超过 9 万头猪口服免疫，均证明毒力稳定，安全性好，效果满意。1976 年制订了试行规程。全国多数兽医生物药品厂用此菌种生产。

1978 年获全国科学大会奖。

第五节　主要外事工作

1972 年中国农林科学院对外交往开始得到了恢复。

一、出　访

1972 年 9 月 12 日至 10 月 15 日，以林山秘书长为团长的中国农业科学工作者代表团一行 20 人赴朝鲜访问。

1973 年 8 月 22 日，国务院批准，任志同志任中国驻意大利使馆参赞兼任联合国粮农组织代表。9 月 28 日至 10 月 19 日，应加拿大农业部邀请，以方悴农为团长的农业科学代表团访问加拿大农业研究院、农业院校和农场等。

二、来　访

1972 年 8 月 2 日至 9 月 12 日，朝鲜农业科学院代表团来我国访问。先后到中国农林科学院原子能利用研究所、中国科学院遗传所以及湖南、浙江、上海、吉林等省市农业科学院。8 月 15 日，英国剑桥大学吉斯学院院长、生物化学家李约瑟博士和夫人及其助手到中国农业科学院柑桔研究所访问。10 月 11 日，中国农林科学院革委会副主任金善宝与欧洲共同体雇主代表团团长罗希洛等人进行座谈。

1973 年 6 月 11 日，应中国农林科学院邀请，以摩利逊博士为团长的加拿大农业科学家代表团来院访问。9 月 11 日至 10 月 2 日，南斯拉夫玉米育种专家兹登科·维达索维奇教授先后在北京、山西、河南、上海、杭州等地进行考察和访问等。1976 年 5 月 19 日至 6 月 16 日，以美国农业部及内布拉斯加大学小麦育种家弗吉尔·A·约翰逊博士为团长的美国小麦考察团一行 11 人来我国考察访问。10 月 10 日至 11 月 1 日，应中国农林科学院邀请，英国东茂林果树研究站、研究协会领导汤普赛脱教授来我国考察访问等。

第四章 恢复与发展 (1977—1981 年)

　　1976 年 10 月，随着"文革"结束，中国进入了一个新的历史发展时期。1978 年，党的十一届三中全会做出了把工作重点转移到社会主义现代化建设上来的战略决策，拨乱反正，落实各项政策，使政治、经济、文化、科技等面临着"改革、开放"的新形势。2 月 15 日经中共中央、国务院批准，中国农业科学院将下放到各地的研究所全部搬回北京原址，下放给地方管理的研究所也收回实行以部为主的领导体制，完全恢复了中国农业科学院的原有机构①。即对 1970 年农林部下放各有关省、自治区、直辖市的 43 个单位调整如下：实行以部为主，部与地方双重领导的 23 个单位，包括原中国农业科学院的植物保护、土壤肥料、农田灌溉、农药（植物保护研究所的一个室）、棉花、油料作物、养蜂、畜牧、草原、哈尔滨兽医、兰州兽医等研究所和仪器厂；实行以地方为主、部与地方双重领导的 8 个单位，包括原中国农业科学院的烟草、麻类、甜菜、蚕业、茶叶、柑桔、果树等研究所和农业遗产研究室以及部属在京的 5 个单位，包括作物育种栽

---

　　① 《关于调整中国农业科学院部分研究所、室领导体制的报告》，国家科委、农林部，1978 年 10 月

培、原子能利用、农业气象、科技情报研究所和农业图书馆等单位。与此同时，随着科技的快速发展，还新建一些科研机构，1978年4月15日，农林部同意调整并新建农作物品种资源研究所；1979年2月12日，国务院同意成立农业自然资源和农业区划研究所；1979年6月20日，农业部党组会议纪要，同意成立生物防治研究室等。整顿正常的科研秩序，不断调整办院方针和政策，进入一个新的历史发展时期。1978年3月13日，经邓小平等中央领导同意，恢复中国农业科学院和中国林业科学院建制。7月17日，国务院批复金善宝任中国农业科学院院长。

同时，积极组织并参与《1978—1985年全国科技发展规划纲要》的编制，研究提出了包括农业科学技术等八个影响全局性科学技术领域、重大新兴技术领域和带头学科，共27个方面108个国家重点科技项目，其中农业及相关科技项目21个，占重点项目的20%。还参与编制了行业规划和技术科学规划，主要有《农业科学技术发展行业规划》《畜牧业、渔业科学技术行业规划》《林业科学技术发展行业规划》《农业生物学技术科学规划》和《农业工程学技术科学规划》。上述八年规划纲要和行业、学科规划对农业科技发展有重要指导意义。

中国农业科学院科研工作得到了恢复与发展，在"六五"科技攻关计划指导下，主持并承担了国家科技攻关项目、部门重点科技项目，团结协作，在基础研究、应用研究、新技术研究、宏观研究等方面取得了一批重要科技成果，为国家科技和农业发展做出了新贡献。

第一节 迎来科学的春天

在中国农林科学院这一被"四人帮"践踏的"重灾区"里，召开了一系列大、小批判会，揭批"四人帮"的种种罪行，声讨他们迫害科学家和领导干部的罪行，批判他们反对党的科技政策及一系列破坏科研工作的活动。1977年1月21日，院党的核心小组成员温仲由做了题为《掀起揭批"四人帮"新高潮 把社会主义革命进行到底》的总结报告。

1977年10月28日，中国农林科学院党的核心小组改名为中国农林科学院党组。1978年2月6日，农林部以（78）农林（科）字第12号文件《关于恢复中国农业科学院和中国林业科学研究院建制》向国务院提交的报告①。3月13日，国务院批准恢复了中国农业科学院的建制。6月17日何康副部长代表农林部党组宣布，经中共中央同意，徐元泉为党组书记（农林发〔1978〕第61号），中国农业科学院成立党组，史向生、张维城、何光文为党组副书记，左叶、陶鼎来、林山、金善宝、任志、王晓、方悴农、赵起农为党组成员。7月17日，国务院（国政字第35号）批复"同意金善宝任中国农业科学院院长，徐元泉、史向生、张维城、何光文、左叶、张云、陶鼎来、程绍迥、林山为副院长"②。

在新一届领导班子领导下，于1978年11月27日至12月20日在北京召开中国农业科学院工作会议。这是中国农业科学院恢复建制后召开的第一次工作会议，其中心任务是揭批"四人帮"，分清路线是非，总结经验教训，拨乱反正，制定中国农业科学院今后发展规划，着重落实1979年科研任务。广大群众对"四人帮"及其在中国农业科学院种种罪行的揭发与批判，并着手在思想理论上对"四人帮"在科技战线上所散布的种种谬论进行系统的批驳，澄清了大是大非。同时，整顿了院机关，设置办公室、生产组、政工组、后勤组、历史

---

① 中国农业科学院办公室档案，1977—1978年5卷
② 中国农业科学院干部处档案，1978年6卷

专案清查办公室，各研究所恢复并新聘任了专家所长、副所长等职，改革恢复一系列规章制度，整顿科研秩序，让广大科技人员摆脱了"四人帮"的枷锁，以极大的热情投入各项工作中，使科研工作迅速得到恢复和发展。

1979 年 1 月，中国农业科学院给农林部并报国家科委、国家农委《关于中国农业科学院工作会议的报告》中指出："会议对建院二十年来科研路线方面的许多重大问题，进行了认真总结，划清了是非界限。着重总结了两次机构体制大变动的经验教训：1960 年大精简，砍掉 14 个研究所，人员精简了 70%；1970 年，33 个研究所、室、站下放 31 个，撤销一个，职工由 7 500 余人减至 512 人，造成机构拆散，人员散失，仪器损坏，科研工作大部分中断，成为内伤外伤都很严重的'重灾户'。实践证明，否定专业队伍的骨干作用，拆散下放科研机构是错误的。"①

在揭批"四人帮"的过程中，注意落实知识分子和干部政策②。1978 年 12 月党的十一届三中全会加快了平反冤、假、错案和各种历史上遗留问题的步伐。"文革"中，在中国农业科学院系统内，被戴上"走资派""判徒"等政治帽子的领导干部得到平反，恢复了工作或安排适当的工作岗位，被戴上"资产阶级反动学术权威"等各种政治帽子的知识分子、专家也都得到了平反和信任。对受迫害致死的15 名干部职工也郑重地予以平反昭雪，恢复名誉。1957 年被划错的24 名右派分子中科教人员 21 人，给予改正恢复名誉，是党员的恢复党籍。对其他历史上遗留的问题也都做了实事求是的处理③。根据胡

① 中国农业科学院档案，1978 年年末至 1979 年年初院工作会议文件 24 号

② 1979 年 9 月 11 日，中国农业科学院向国家农委《关于中国农业科学院外教队伍情况汇报》

③ 中国农业科学院党组（扩大）学习会汇总材料之三，关于落实党的知识分子政策情况和意见，1979 年 12 月 12 日

耀邦批示，经请示农林部对中国农业科学院原副院长、分党组书记、中国科学院学部委员、中国科协副主席陈凤桐同志在 1958 年"拔白旗"运动中撤销党内外职务的错误决定予以撤销，工作重新做了安排，任中国农业科学院顾问。

从 1977 年起，中国农林科学院恢复了技术职称评审工作，大胆晋升有真才实学的科技人员。有突出贡献的科技人员得到了越级晋升。1979 年 2 月至 1980 年年底，晋升技术职称 1 800 人，其中晋升助理研究员 160 人、副研究员 176 人、研究员 18 人，54 人晋升会计师和助理会计师。同时，根据工作需要，还举办了脱产外语培训班，派往国外考察访问、参加学术会议，有的出国进修、留学深造。据时任副院长任志介绍，1979 年派出 8 批 65 人到 15 个国家，1980 年派出 24 批 149 人到 21 个国家。同时，接待来院参观访问外国团组 87 批 237 人。

加强了在职人员的培养。1981 年以来，中国农业科学院对在职职工的培训高度重视，举办了近百期的外语培训班、电脑培训班和科技管理研讨班等，参与培训职工较为普遍，显著提高了外语、电脑和专业技术水平，这对于更新知识、开阔视野，促进科研工作发展大有裨益。

科研工作条件也有所改善。1977 年以来，中国农林科学院积极更新仪器设备，大量建造工作用房，绿化院所环境，使工作条件大为改观。院决定政治部、科研管理部搬出办公大楼，腾出的房子供研究所使用。在解决科研人员的生活困难方面，重点抓了住房建设，解决一批科技人员的住房困难。通过调进和调出方法，解决了一批科技骨干夫妇两地分居问题，共 87 对。选调科技人员进京 175 人，技工 20 人，共计 195 人。

根据德才兼备的原则，提拔了一批科技骨干担任所级领导职务。1978—1979 年，全院 31 个研究所，任命 14 个所领导。1980 年任命

14 个所领导，其中 9 个所配一把手。33 名 55 岁以下优秀中青年选入所领导班子。还注意在科技人员中发展党员工作，1979—1982 年，按照党员标准，在科技人员中发展党员近 200 人。

1977 年 3 月 13 日，中国农林科学院 310 名职工参加毛主席纪念堂工地劳动。7 月 23 日，中国农林科学院召开下放研究所所长座谈会。9 月 27 日，中共中央专门委员会通知中国农林科学院原子能利用研究所参加"我国核试验下风向酒泉地区医学剂量调查"的食品、水及土壤放射性含量的调查。10 月 21 日至 11 月 15 日，根据农林部领导指示，中国农林科学院与北京农业大学（现为中国农业大学）、中央气象局、一机部农机所等单位，共同组织调查组对我国南方、西南、华北等地区耕作改制发展、经验及今后的发展趋势进行调查。1978 年 5 月 3—10 日，中国农林科学院在河北廊坊主持召开全国农作物品种资源工作会议。1979 年 1 月 15 日，中国农林科学院在河南安阳召开全国耕作改制科学技术讨论会等。

第二节　全面收回和新建研究机构

1978 年 3 月，中共中央在北京召开全国科学大会，邓小平在会上讲话指出："科学技术是生产力""科技人员是工人阶级的一部分"。这次讲话极大地鼓舞了全国广大科技人员的积极性。中国农业科学院金善宝院长应邀代表全国农业科技工作者在大会上做了题为《为把我国变成世界第一个农业高产国家而奋斗》的发言[①]。3 月 13 日，经邓小平等中央领导批示，同意恢复中国农业科学院和中国林业科学研究

---

① 《向科学技术现代化进军：全国科学大会文件汇编》，人民出版社，1978 年 5 月

院的建制①。3月18日，中国农业科学院有58项科技成果获得全国科学大会奖。4月15日，农林部同意中国农业科学院成立作物品种资源研究所。6月21日，根据邓小平指示，杨立功等农林部领导来中国农业科学院检查工作。邓小平同志要求，国家农委、农林部在京的领导都要出席中国农业科学院职工大会。7月2日，农林部党组通知，中国农业科学院植物保护、土壤肥料、灌溉、棉花、油料作物、养蜂、草原、哈尔滨兽医、兰州兽医、果树等研究所按地师级单位待遇。10月17日，中国农业科学院决定各研究所（室）建立学术委员会。11月27日至12月20日，中国农业科学院工作会议在京召开，农林部杨立功部长在会上讲话中转告：纪登奎说1970年5月在农科院的讲话是错误的……搞错了就纠正。经中共中央、国务院批准，中国农业科学院将下放到外地的研究所全部回北京原址，下放给地方管理的研究所也收回，实行以部为主的领导体制，完全恢复了中国农业科学院的原有机构②。即对1970年农林部下放各有关省、直辖市、自治区的43个单位调整如下：实行以部主，部与地方双重领导的23个单位，包括原中国农业科学院的植物保护、土壤肥料、农田灌溉、农药（植保所的一个室）、棉花、油料作物、养蜂、畜牧、草原、哈尔滨兽医、兰州兽医等研究所和仪器厂；实行以地方为主、部与地方双重领导的8个单位，包括原中国农业科学院的烟草、麻类、甜菜、蚕业、茶叶、柑桔、果树等研究所和农业遗产研究室以及部属在京的5个单位，包括作物育种栽培、原子能利用、农业气象、科技情报研究所和农业图书馆等单位。

与此同时，随着科技的快速发展，还新建了科研机构：1979年1

---

① 《关于恢复中国农业科学院和中国林业科学研究院建制的报告》，农林部文件，1978年2月6日

② 《关于调整中国农业科学院部分研究所、室领导体制的报告》，国家科委、农林部，1978年10月25日

月成立研究生院，1979 年 2 月 12 日，国务院同意成立农业自然资源和农业区划研究所，3 月 24 日，国家科委同意中国农业科学院中兽医研究所恢复独立建制。5 月 22 日，经中央领导同意恢复中国农业科学院农业经济研究所。6 月 6 日，经国务院批准，同意恢复中国农业科学院上海家畜血吸虫病研究室。6 月 18 日，国家农委决定农田灌溉研究所实行农业、水利两部领导以农业部为主的体制（三权归中国农业科学院）。6 月 20 日，农业部党组会议纪要，同意成立生物防治研究室。9 月 10 日，农业部党组通知，恢复中国农业科学院蚕业、茶叶、柑桔、烟草、郑州果树、中兽医、兰州畜牧、甜菜 8 个研究所的地市级待遇。9 月 11 日，中国农业科学院向国家农委呈交《关于中国农业科学院科技队伍情况的汇报》，提出加快实验条件的基本建设、把实验室试验场装备起来、改善生活居住条件等问题。9 月 15 日，中国农业科学院在杭州召开全院科研管理工作会议。9 月 28 日，中央十一届四中全会通过《中共中央关于加快农业发展若干问题的决定》，要求迅速恢复和加强农业科研机构和高等院校的科研和教学条件，办好中国农业科学院和北京农业大学等主要高等农业科研机构和院校。11 月 20 日，根据上级指示，经中国农业科学院党组研究决定，撤销中国农业科学院政治部，分别成立人事局和中国农业科学院直属机关党委。12 月，国务院批准，农业部投资建设 9 个科研测试中心，包括中国农业科学院土壤肥料测试中心、国家种质 1 号库等。

1980 年 2 月 16 日，时任中共中央主席华国锋到中国农业科学院视察，并召开部分科学家座谈会，提出关于加强我国农业现代化研究问题。会后，在国家农委、农业部支持下，何广文副院长牵头，张子明、徐矶、信乃诠等负责，组织全国农业科研、高等农业院校等单位的 100 多位专家、教授，在深入调查研究基础上，提出我国农业现代化建设目标、途径和改革意见，上报国家计委、国家农委和农业部等有关部门，产生良好社会影响①②。3月5—9日，中国农业科学院在北京召开全国农业科学院院长会议，传达了国家重要领导人在中国农业科学院的讲话，讨论我国农业现代化等一系列问题。4月11日，国家科委和国家农委批准，由中国农业科学院起草的《农作物品种资源对外交换和国外引种的暂行管理办法》，分发各地农业部门执行。4月25日，国家科委、农业部同意中国农业科学院关于1981年开始对西藏地区农作物品种资源进行考察。7月1日，农业部党组同意金善宝院长兼任中国农业科学院研究生院院长。9月10—16日，中国农业科学院与湖南、江苏省农业科学院在南京共同主持召开第八次全国杂交水稻科研协作会议。9月16日，中国农业科学院函告湖南省、山东省农业办公室，恢复和建立中国农业科学院祁阳红黄壤低产田改良实验站和中国农业科学院山东陵县禹城盐碱地区农业现代化实验站。

1981年3月12—13日，中国农业科学院直属单位第一届党员代表大会在北京召开，农业部党组书记、部长林乎加出席大会并讲话。5月25日，国家科委同意恢复特产研究所原隶属关系，实行中国农业科学院与吉林省双重领导、以院为主的领导体制。6月6日，由中国农业科学院主持的全国杂交水稻协作项目"籼型杂交水稻"荣获国家发明奖特等奖。国家科委、国家农委在北京召开授奖大会，集体奖授给中国农业科学院（全国杂交水稻科研协作组）。6月，国务院批准国家科委报告，同意农业部建立中国水稻研究所，由中国农业科学院代管。7月15日，国务院批准，同意在杭州市建立中国水稻研究所。8月17—22日，国家科委、国家农委委托农业部由中国农业科学院筹备在北京召开第二次太谷核不育小麦科研协作会议，国务院副总

---

① 中国农业科学院农业现代化编写组，《加速我国农业现代化建设》，人民出版社，1981年7月

② 国家计委《经济研究参考资料》第46期，1981年4月1日

理、国家科委主任方毅到会讲话。12 月 4 日，农业部党组明确中国农业科学院特产研究所为地师级单位待遇。12 月下旬，经批准，作为偿贸易，中国农业科学院从罗马尼亚进口价值约 1 000 万元的 FElixa-512 电子数据处理系统和总面积 45 亩的玻璃温室设施。

第三节　参加制定科技发展规划

1978 年 3 月，中共中央在北京召开的全国科学大会，提出一个《1978—1985 年全国科技发展规划纲要（草案）》，其中包括农业科学技术等八个影响全局性科学技术领域、重大新兴技术领域和带头学科。还明确要求："要抓紧制订科学技术规划""规划要全面安排，突出重点""规划要有重点，要有三年、八年的具体安排和二十二年的大体设想"[①]。

1978 年年底，中共中央十一届三中全会做出把全党的工作重点转移到社会主义现代化建设上来的战略部署，中国农业科学院很快就把工作重点转移到参加制定近期和中长期科技发展规划，各领域研究所多出成果、多出人才上来，不断完善各项规章制度，树立奋发奋强、严谨务实、勇于创新的工作风气。

中国农业科学院根据全国科学大会精神，在农林部直接领导下，组织专门力量，参加全国自然科学规划会议，研究提出了包括农业科学技术等八个影响全局性科学技术领域、重大新兴技术领域和带头学科，共 27 个方面 108 个国家重点科技项目，其中，农业及相关科技项目 21 个，占重点项目的 20%。农业科技作为重点发展领域之一，

---

① 中共中央关于召开全国科学大会的通知，《向科学技术现代化进军》，人民出版社，1978 年，第 1 页

主要包括：对重点地区的气候、水、土地、生物资源以及资源生态系统进行调查研究；总结研究不同地区不同作物合理的群体结构和丰产栽培措施；研究与农业机械化相适应的农业技术体系，制定农机区划；发展育种理论与育种技术，培育农作物和畜禽优良品种；研究黄淮海盐碱旱涝地区，南方红黄壤小丘地、西北黄土高原和沙化等低产地区以及沙荒、沙漠的综合治理；研究快速增加有机质培肥土壤的途径以及科学施肥技术；研究农作物主要病虫害的综合防治技术，发展生物防治；在北方旱粮产区、华北粮棉高产区和南方水稻产区建立大面积农业现代化综合试验研究基地；进行农业生物种质和遗传理论及应用研究；研究农业生物生长发育理论及控制技术；研究草原建设，发展草原畜牧业的综合技术和草原机械，建立现代化草原畜牧业科学实验基地；进行机械化养猪、养鸡、养牛、养鱼的综合技术和配合饲料的研究；研究畜禽主要的传染病、寄生虫病以及营养代谢病的防治技术和现代检疫、消毒、防疫新技术等。

同时，还制定了基础科学和技术科学的专项规划，中国农业科学院组织有关专家，编制了行业规划和技术科学规划，主要有《农业科学技术发展行业规划》《畜牧业、渔业科学技术行业规划》《林业科学技术发展行业规划》，还编制了《农业生物学技术科学规划》和《农业工程学技术科学规划》等。上述规划纲要和行业、学科规划的实施对农业科技发展有重要的指导意义。

第四节　科研工作恢复与发展

中国农林科学院及下放各地的研究所，主持召开了一系列全国性、专业性科研会议，推动全国农业科技工作发展。

一、专业会议

1977 年 3 月 19—28 日，中国农林科学院和湖南省农业科学院在长沙主持召开第五次杂交水稻科研协作会。总结交流杂交水稻科研及示范推广经验，讨论进一步发展杂交水稻生产和科研协作的有关问题。5 月，棉花研究所在河南安阳召开全国棉花单倍体育种研究协作座谈会。8 月，土壤肥料研究所在江苏新沂县召开全国绿肥科研协作会。9 月 5—11 日，中国农林科学院委托辽宁省农业科学院在沈阳召开全国杂交粳稻科研协作会。10 月 10 日，中国农林科学院在广西壮族自治区的柳州召开第二次全国农业科技情报工作会议。12 月 12—21 日，中国农林科学院、湖南省农业科学院和江西省农业科学院共同主持在南昌召开第六次杂交水稻科研协作会，研究进一步发展杂交水稻问题。

1978 年 1 月 15 日，中国农林科学院在河南安阳召开全国耕作改制科学技术讨论会。1 月 3—10 日，中国农林科学院在河北廊坊主持召开全国农作物品种资源工作会议。3 月 22 日，在合肥主持召开全国棉花科研会议。5 月 10—19 日，在广西南宁召开全国原子能农业应用工作会议。5 月，中国农林科学院与一机部农业机械研究院在哈尔滨联合召开北方 14 省、市、自治区深松耕法、少耕法及农具现场会。7 月 5 日，中国农业科学院和湖南、福建省农业科学院主持在福州召开全国杂交水稻早稻现场会。7 月 10—15 日，中国农业科学院与广东省农业科学院、广州军区后勤部共同主持在广东惠阳县潼湖召开全国水稻机播和化学除草现场经验交流会。8 月 4—10 日，在四川达县召开全国苎麻科研协作会。8 月 19 日，在河北邯郸召开全国土壤肥料科研工作会议。12 月 22—28 日，在河北邯郸召开全国农业气象科学技术规划会议。

1979 年 1 月 6—14 日，中国农业科学院和湖南、湖北省农业科学院共同主持，在湖北咸宁召开第七次杂交水稻科研协作会。3 月 16—25 日，中国农业科学院主持在合肥召开全国农作物品种资源工作会议。棉花研究所在河南安阳主持召开全国棉花花药（组织）培养研究座谈会。4 月 16 日至 5 月 2 日，中国农业科学院和农业部畜牧总局在湖南长沙召开全国畜禽品种资源调查会议。5 月 4—9 日，中国农业科学院在北京召开种植业区划会议。5 月 24 日至 6 月 2 日，在重庆市召开全国果树科研规划会议。8 月 27 日至 9 月 5 日，在河南郑州召开全国小麦栽培科技会议。10 月 12—19 日，在长沙召开全国麻类科研规划会议。

1980 年 1 月 25 日，在山东高密县召开全国甜菜科研规划会。2 月 26 日至 3 月 6 日，在北京召开全国作物品种资源考察、征集工作汇报会。3 月 4—12 日，在长沙召开第三次全国农业科技情报工作会议。4 月 25—30 日，中国农学会委托中国农业科学院农业气象研究室在北京召开全国农业气象科学技术讨论会。9 月 1—4 日，在北京召开第一次全国太谷核不育小麦研究总结会议。10 月 16 日，由中国农业科学院等单位主持，在北京召开全国飞机超低容量喷雾防治病虫技术研究协作会议。11 月 3—9 日，在山东益都召开农业科技刊物座谈会。11 月 17—23 日，在成都主持召开第二次全国家畜寄生虫病科研工作会议。11 月 18—22 日，在北京召开全国农药大田药效试验工作座谈会。11 月 24—29 日，在吉林延吉召开全国蜜蜂育种推广经验交流会。11 月，在天津召开全国作物栽培科学讨论会。

1981 年 4 月 3—11 日，在杭州主持召开全国畜禽品种资源会议。7 月 28 日至 8 月 3 日，中国农业科学院、农业部种子管理局、全国农业展览馆在北京召开全国农业自然资源和农业区划栽培植物部分展览工作会议。8 月 6 日，在哈尔滨主持召开第二次全国蔬菜杂种优势利用经验交流会。8 月 24 日至 9 月 5 日，在北京召开全国农业自然资源和农业区划研究工作会议。11 月 10—16 日，在杭州余杭召开全国麻类作物学术讨论会。

1982年2月20日，中国农业科学院主持的我国第二次大规模农作物品种资源的征集工作基本结束。上述专业会议及相关科技活动，极大地推动了全国农业科技的发展。

在此基础上，1982年国家科委将科技发展规划的主要内容调整为科技攻关项目，正式出台了《"六五"国家科技攻关计划》，标志着我国的科技计划从科技发展规划中分离出来，成为具有指导性、权威性和可操作性的科技计划。此间，中国农业科学院主持并承担了一系列国家、部门重点项目，组织农业科研、高等农业院校等单位，团结协作，联合攻关，在已有工作基础上，取得了一批重要科技成果。

二、重要成果

中国农业科学院作为第一完成单位，取得具有代表性、标志性的重大科技成果[1]，主要如下。

1. 中国小麦的种类及其分布[2]

这项关于中国小麦品种（种质）资源研究的基础工作，始于1956年，主要对我国数量大、丰富多彩的小麦品种类型进行二、三年的系统观察记载、整理分析和鉴定，明确它们的分类学地位、分布情况、利用价值及发展趋势。分期分批研究各生长发育进程中所表现的主要形态特征、生理特性和生态特点，确认了我国小麦品种分别属于普通小麦、密穗小麦、圆锥小麦、硬粒小麦、波兰小麦5个种。在中国的栽培小麦中，普通小麦分布最广，变种最多（61个），其中新发现的我国特有变种5个，属于普通小麦的品种占总征集数的

---

[1]　所列科研成果来自牛盾主编，信乃诠、石燕泉副主编的《1978—2003年国家奖励农业科技成果汇编》，中国农业出版社，2004年

[2]　成果内容略做补充修改

96.1%，同时还发现我国特有的普通小麦亚种，定名为"云南小麦"亚种，内分6个变种；其次是圆锥小麦的品种约占2.2%，有11个变种，内有4个分枝型；再次为密穗小麦的品种约占0.7%，有11个变种；硬粒小麦的品种约占0.6%，有9个变种。同时还明确了云南省是我国小麦的种和变种最丰富的地区。

在分类的基础上，根据品种的性状表现特点，结合原产地的环境条件，对全国小麦进行了生态类型的划分。

1982年获国家自然科学奖三等奖。

2. 黏虫越冬迁飞规律的研究

通过对黏虫越冬的广泛调查，越冬模拟试验和耐寒力测定与气象条件分析，阐明了我国黏虫的越冬习性与规律，首次提出1月0℃等温线为其越冬地区的北界及越冬区域。同时根据对黏虫种群动态的分析，提出了黏虫季节性为害的假说及迁飞路径图。

经采用诱标自然界成虫的方法，开展了大规模成虫标记回收试验，获得成功。标记两地的直线距离最远达1 100余千米，证实了假设的所有论点，阐明了我国东半部地区黏虫迁飞为害的规律与路径及各地主要为害世代的虫源性质，创造性地设计出黏虫"异地"测报办法，经10余年测报实践的检验，基本准确及时。1963—1979年先后共发布预报50余期，准确率高达85%左右。对指导黏虫防治，控制其为害，起到了重要作用，经济与社会效益显著。

1982年获国家自然科学奖四等奖。

3. 籼型杂交水稻研究①

20世纪50年代，水稻杂种优势利用研究是国际前沿技术。日本、法国等科学家在水稻杂种优势利用方面开展研究，并取得一定进展。我国科学家袁隆平等1964年经过努力，找到了自然不育株，开始艰

_____

① 成果内容略做了补充和修改

难的研究历程，并在 1966 年《科学通报》（第 4 期）发表题为《水稻的雄性不孕性》一文。1970 年，袁隆平和他的助手李必湖到海南岛考察寻找野生稻。当年 11 月李必湖等到荔枝沟，在海南崖县南湖农场附近的一片沼泽地里发现了一株雄花败育的普通野生稻（简称野败），为雄性不育系的选育打开了突破口。1971 年引起了农林部和中国农林科学院的重视。1972 年籼型杂交水稻研究被列入全国农林重大科技协作项目，由中国农林科学院和湖南省农业科学院主持，组织由农业科研机构、高等院校等参加的全国性大协作。一个以野败为主要试验材料的水稻三系配套协作攻关研究在全国迅速展开。1973 年从江西传出捷报，江西省原萍乡市农科所颜龙安等育成第一批水稻雄性不育系和保持系，但是找不到理想的恢复系。随后又从广西传出捷报，原广西农学院张先承等先后在南亚水稻品种中找到杂种优势强、花粉发达、花粉量大、恢复率在 90% 以上的恢复系。1974 年 10 月，在广西南宁召开第三次全国杂交水稻科研协作会，并进行了田间试验小区测产验收，强优组合增产显著，宣布我国籼型杂交水稻三系配套取得重大突破。1975 年 21—31 日，中国农林科学院和湖南省农业科学院主持，在长沙召开第四次全国杂交水稻科研协作会。代表考察湖南、江西、广东、广西等 4 省区 4 200 余亩的双季晚稻现场，并鉴定 1 400 亩早季稻的生产表现，一致同意宣布杂交水稻研究成功。

1976—1998 年全国推广面积 2.2 万公顷，增产稻谷约 3 亿吨。进入 20 世纪 90 年代，三系杂交水稻的产量稳步发展，为粮食增产、农民增收做出了重要贡献。

1981 年获国家技术发明奖特等奖。6 月 6 日，国家科委、国家农委在京召开奖励大会，宣布集体奖授给中国农业科学院主持的全国杂交水稻科研协作组，个人奖授给袁隆平等。

4. 马传染性贫血病驴白细胞弱毒疫苗

马传染性贫血病（简称马传贫）是马、骡、驴的一种由逆转录慢病毒引起的传染病。已在世界上传播了130多年，至今已有40多个国家流行此病，有些国家感染率高达50%以上，造成极大的经济损失。

1975年哈尔滨兽医研究所研制成功马传贫弱毒疫苗，突破了马传贫免疫技术的难关。免疫的马、驴用马传贫强毒攻击，对驴的保护率达100%，对马的保护率达85%以上；免疫持续期长达3年以上。马传贫弱毒疫苗从1977年在全国推广，对我国主要马传贫流行区域的疫情起到良好控制作用，保护了数百万牲畜免受马传贫感染。据农业经济研究所专家核算，该项成果的经济效益达13.3亿元。

马传贫疫苗的研究成功，突破了马传贫等慢病毒不能免疫的理论，为一系列人畜慢病毒病免疫的研究做出了开拓性的贡献。

1983年获国家技术发明奖一等奖。

第五节　主要外事工作

中国农林科学院恢复与发展时期的外事工作，从过去的一般性考察访问，开始走向了科技合作和科技引资工作。

一、出　访

1977年4月14日，中国农林科学院小麦考察团赴墨西哥国际玉米小麦改良中心进行为期一个月的科学考察。8月，李竞雄教授率中国农林科学院玉米考察组赴墨西哥国际玉米小麦改良中心访问。

1979年5月20日至6月4日，何光文副院长为团长的中国农业科学院代表团赴菲律宾国际水稻研究所进行访问。

1980年11月，应菲律宾农业部邀请，由方悴农为团长的中国农业科学与农业教育代表团访问菲律宾高等农业院校与农业科研机构等。

1981 年 9 月 16—29 日，由农业部副部长、院党组书记徐元泉率领的中国农业代表团一行 6 人，赴比利时考察访问等。

二、来　访

1979 年 1 月 3—8 日，国际水稻研究所所长布雷迪博士访问中国农业科学院，签署了《中国农业科学院和国际水稻研究所关于开展科学技术合作的会谈纪要》。

1980 年 1 月 19—23 日，美国洛克菲勒基金会农业科学部主任皮诺、副主任格雷应邀访问中国农业科学院。2 月 24 日至 3 月 11 日，中国农业科学院与国际水稻研究所组成联合考察组在广东、湖南、浙江 3 个产稻省为中国建立全国性水稻研究所选择新址进行有关情况的调查研究。3 月 23—28 日，英联邦农业局（CAB）情报检索部编辑主任麦特卡博士、国际粮食情报局联合主任梅尼先生和联邦德国绍特塞克博士来访，参观了中国农业科学院情报研究所、图书馆，并就情报文献合作问题进行了座谈。5 月 31 日至 6 月 18 日，国际马铃薯中心主任索耶等人对我国进行专业考察，并就双方合作事宜，与中国农业科学院有关领导举行会谈。8 月 8—22 日，联合国粮农组织土地资源开发与保护科科长 F·W·豪克先生应中国农业科学院邀请率领亚太地区 11 个国家 20 人的绿肥考察团到我国考察。8 月 9—30 日，亚洲蔬菜研究与发展中心主任塞莱克博士偕夫人及该中心植物病理学家杨又迪博士应邀来中国农业科学院访问。

三、科技合作

1979 年 10 月 10—14 日，国际水稻研究所在北京召开理事会。10 月 23—30 日，中国农业科学院和国际水稻研究所在广州和长沙联合主持召开国际水稻研究讨论会。

1980 年 3 月 27 日至 4 月 2 日，中国农业科学院与美国洛克菲勒基金会农业科学部副主任格雷、顾问张德慈，在北京就该基金会资助中国农业科学院建设植物遗传资源中心及具体实施方案进行首次会谈，为签署《谅解备忘录》做准备。6 月 16 日，国家外国投资管理委员会同意接受美国洛克菲勒基金会资助在中国农业科学院建设植物遗传资源中心（国家种质资源库）。7 月 5 日，农业部副部长兼中国农业科学院党组书记徐元泉和美国洛克菲勒基金会副主席斯蒂菲尔签署了关于规划和建设一个全国作物遗传资源中心的《谅解备忘录》。8 月 31 日—9 月 12 日，应中国农业科学院邀请，意大利国家研究委员会农业科学代表团，在国家研究委员会秘书长马里奥·莫雷蒂和国家农业科学院委员会主席斯卡拉夏率领下访问我国。在北京期间，与中国农业科学院协商签订了《中国农业科学院和意大利国家农业委员会科学技术合作协议》。

第五章　改革、探索与发展（1982—1987年）

1982年6月21日，中共中央批准中国农业科学院4名同志的职务任免：金善宝同志任名誉院长，免去院长职务，卢良恕同志任院长，杨岩同志任党组书记，免去徐元泉同志的党组书记职务。在新一届院党组领导下，提出中国农业科学院新的发展战略，确立办院方针，重新定位，调整院及研究所的方向任务。中国农业科学院是全国性、综合性农业科研机构，应建成全国农业科学研究中心、学术中心。应以农业应用基础研究和应用研究为主，也要加强开发研究。应侧重基础、侧重提高，研究解决具有全局性、方向性、基础性的重大理论与实际问题，努力为农业发展和经济建设服务。

组织力量编制院"七五"科技发展规划和后十年设想，提出之后十年内继续发挥全国综合性农业科学研究中心、学术中心的作用，把院属研究所（中心）建成具有先进水平的国家专业、学科中心。拥有一批学科、专业的带头人和国内外知名的农业科学家、管理专家。用先进的仪器设备和设施装备重点实验室和试验场（基地）。在农业科学一些重要研究领域，保持国内领先地位，并达到发达国家20世纪80年代的先进水平，某些重要研究领域取得重大突破，继续保持国际领先地位，为发展我国现代农业和农业科技做出积极的贡献。

恢复、组建院第二届学术委员会，发挥其咨询、参谋作用，邀请全国农业科研机构、高等农业院校、中国科学院和行政部门多学科、有影响的农业科学家、院士和领导参加，共84人。卢良恕院长任学术委员会主任。学术委员会设常务委员会和8个学组。会议听取并审议了卢良恕院长的工作报告。讨论修改了《中国农业科学院学术委员会章程》，还审议了《中国农业科学院"七五"规划和后十年设想》。

面向国民经济主战场，切实加强科研和开发研究。组织专家、科技人员和管理人员，分层次、多渠道争取"七五"科研项目的工作，取得了很大成绩。从项目执行情况看，有1/3的项目提前和超额完成了计划，有约97%的项目按合同规定达到各项技术经济指标。

在邓小平视察南方谈话的指引下，卢良恕院长带领有关同志，深入珠江三角洲改革前沿调研，积极探索农业科技体制改革新途径，并结合实际，提出中国农业科学院改革的指导思想、任务与措施。

1987年迎来了中国农业科学院建院30周年。党和国家领导人方毅、严济慈出席纪念大会。卢良恕院长讲话中提出要坚持把改革放在第一位，端正工作的指导思想，调整方向和任务，使中国农业科学院的科研工作更好地满足我国经济建设的需要。同时，要做好"四个服务"，为在20世纪末实现工业、农业总产值翻番做出更多贡献。

1982年9月，中国农业科学院院长卢良恕同志当选为中共第十二届中央候补委员。

第一节 编制院"七五"规划和后十年设想

粉碎"四人帮"后，中国农业科学院的工作得到了恢复和发展。1982年6月21日，中共中央批准中国农业科学院4名同志的职务任免：金善宝同志任名誉院长，免去院长职务，卢良恕同志任院长，杨岩同志任党组书记，免去徐元泉同志的党组书记职务（中组部（82）干任字470号）。11月20日，经农牧渔业部党组研究决定，中国农业科学院党组由杨岩、何光文、卢良恕、贺致平、任志、方悴农、刘志澄等7名同志组成，杨岩同志任党组书记。12月25日，中央政治局委员王震视察中国农业科学院，参观柑橘品种区划陈列室，会见参加全国柑橘区划会议代表并作出重要指示。

1983年3月16日，农牧渔业部党组通知，同意何光文同志兼任中国农业科学院纪检组组长。9月10日，中共中央通知，同意卢良恕同志任农牧渔业部党组成员（兼任中国农业科学院院长），按副部级待遇。4月24日，赵紫阳总理在外交部部长吴学谦等陪同下，视察中国农业科学院茶叶研究所。

1984年7月31日，中共中央组织部通知，同意卢良恕同志任中国农业科学院党组副书记。在新一届院党组领导下，提出中国农业科学院新的发展战略，确立办院方针，调整院及研究所的方向任务；组织力量，编制院"七五"科技发展规划和后十年设想。

1982年4月，科研管理部组织所属研究所和院职能部门精干力量，成立规划小组，经历近6个月时间，提出《中国农业科学院"七五"规划和后十年设想》（以下简称《规划》）及其附件《中国农业科学院机构调整、改革和扩建的初步方案（草案）》《中国农业科学院职工队伍建设初步设想（草案）》[1]。《规划》首先回顾了建院20多年来取得的重要成果。据统计，获全国科学大会奖励科技成果58项，约占农牧业奖励成果的20.7%。党的十一届三中全会后，即1979—1983年获奖成果297项，其中，国家自然科学奖2项，国家技术发明奖6项，国家科技进步奖75项。同时，还存在很大差距，主要表现：

---

[1]　中国农业科学院科技长远规划办公室，1984年8月

空白专业学科多，地区布局不够合理，科技队伍小，结构不合理，业务素质不高；科研经费投入少，装备手段落后；基础工作和理论研究薄弱；科研组织管理水平不高等。面向未来，要认真贯彻国家确定的科学技术发展方针，面向经济建设和农业生产的需要，紧密围绕到20世纪末全国工农业年总产值翻两番的战略目标而奋斗。在今后10年内继续发挥中国农业科学院全国综合性农业科学研究中心、学术中心的作用，把院属研究所（中心）建成具有先进水平的国家专业、学科中心；拥有一批学科、专业的带头人和国内外知名的农业科学家、管理专家；用先进的仪器设备和设施装备重点实验室和试验场（基地）；在农业科学一些重要研究领域，保持国内领先地位，并达到发达国家20世纪80年代的先进水平，某些重要研究领域取得重大突破，继续保持国际领先地位，为发展我国现代农业和农业科技做出积极的贡献。

同时，确定了"八五"期间和后五年优先发展科技领域与重点项目，共31个重点科研项目106个课题。实现规划的主要措施：调整改革和扩建科研机构，充实和加强科技队伍建设，建立科学实验基地，积极改善科研工作条件，增加科研经费投资和加强科研管理等。

1984年12月，《规划》经中国农业科学院第二届学术委员会审议，院务会议讨论通过，正式上报农牧渔业部。

第二节　调整院及研究所方向任务

1981—1982年，经过深入讨论与论证，普遍认为：中国农业科学院是全国性、综合性农业科研机构，应建成全国农业科学研究中心、学术中心。其方向任务要同中国科学院、综合性高等院校和地方农业研究机构有所分工，各有侧重，作为产业部门国家级的中国农业科院应以应用基础研究和应用研究为主，也要加强开发研究。应侧重基础、侧重提高，研究解决具有全局性、方向性、基础性的重大理论与实际问题，努力为农业发展和经济建设服务。

针对国家和地方的一些研究机构方向任务存在的主要问题，1984年3月，农牧渔业部部长何康在全国农业工作会议上提出，"争取两年左右完成地区以上的农业科研机构方向任务的调整，到'七五'时期建成国家和省地两级布局合理、分工明确、专业配套、协调发展的农业科研体系。"并且要求农牧渔业部直属单位要先行一步，在1984年年底前把各研究所的方向任务定下来。中国农业科学院根据上述意见和农业科研系统的客观需要，调整研究所方向任务实属必要，势在必行，应尽早解决研究机构不分层次，"上下一般粗"的问题；研究机构不分类型、缺少特色，所与所之间的横向交叉重复问题。但是，确定研究机构的方向任务又是一个复杂问题，必须贯彻"调整、改革、整顿、提高"的方针，加快方向任务的调整，以便集中力量，发挥优势，同时又能各得其所，逐步形成具有中国特色的全国农业科研体系。

6月5—6日，中国农业科学院召开院长办公会议，根据上述精神，对所属研究机构的方向任务调整进行了整体部属，明确要求①：以学科为对象的基础所，应侧重应用基础研究和应用研究，既要研究解决农业生产中具有重大经济效益的科技问题，又要研究解决学科发展中的理论问题；以作物和畜禽为对象的专业所，应侧重应用研究和应用基础研究，着重研究解决农业生产中具有重大经济效益的科技问题；农牧业综合性的研究所，应侧重宏观战略研究，为重点地区开发、全局性决策提供科学依据。从全院来说，应该逐步建成学科、专业、综合三类研究所相互衔接、协调发展的研究体系。同时，要求：

---

① 中国农业科学院，《调整研究所（室）方向任务的意见》，1984 年 9 月

研究所的方向任务调整，需要遵循以下原则。

一个研究所内的学科、专业方向不宜多，特别是不要让距离较远的学科、专业在一个所内平行发展；在一个学科、专业内的有关分支领域也不宜各自孤立发展，应该形成相互密切联系的有机体，也要有主有从，抓住一两个有前途的分支领域集中主要力量向纵深开拓；学科、专业方向任务要相对稳定，不要轻易大转行，而研究内容要随着科学的发展而发展，要随着国家需要的变化而变化。同时，还提出了确定方向任务的方法和步骤。其一，各研究所根据要求，提出方向任务的调整意见。中国农业科学院在调查的基础上，分析现状、优势和差距，研究提出研究所方向任务调整的设想方案。其二，院所结合分析论证，共同确定方向任务的调整方案。其三，组织专家组（或学术委员会）审查论证，提出咨询意见和建议。然后，经院务会议讨论通过，确定了全院 34 个研究所（室）方向任务，由院正式行文下达实施。8 月 10 日，中国农业科学院党组向农牧渔业部党组呈报《关于改革中国农业科学院科研体制的请示》。

1984 年 5 月，国家科委发送《关于当前整顿自然科学研究机构的若干意见》[①] 中提出，把科研机构的整顿和改革结合起来，加强组织领导，制订全面整顿方案。8 月，中国农业科学院根据文件精神，提出整顿与改革方案，包括党政分工、建立科研责任制、扩大院所自主权、科研队伍建设、加强思想政治工作、做好后勤工作等问题，下发研究所、中心、室试行。同时，在国家有关部委支持下，加强了新兴学科、专业研究所及基础设施建设。1981 年 7 月，经国务院批准，建立中国水稻研究所，12 月 6 日，农业部批复，原则上同意中国水稻研究所建设工程的初步设计，希望建设工程总概算控制在 5 100 万元以内（包括

---

① 国家科委（84）国科发管字第 386 号 发送《关于当前整顿自然科学研究机构的若干意见》的通知，1984 年 5 月 12 日

世界银行贷款）。1985 年 11 月 22 日，召开中国水稻研究所第一届理事会。1984 年 5 月 7 日，国家经济计划委员会批准将中国水稻研究所由1985 年基本建设大中型预备项目转列为新开工项目。5 月 30 日，国家经济计划委员会批准全国农业区划委员会关于建设全国农业自然资源和农业区划资料库的报告，库址选在中国农业科学院。1984 年，经国家计委立项，国家工业性试验项目——建立单克隆抗体中间试验车间，即生物技术研究中心。1985 年 2 月 7 日，文化部同意中国农业科学院成立中国农业科技出版社。3 月 7 日，党组决定，成立中国农业科学院生物工程研究领导小组，建立一个农业分子生物学和基因工程研究室。1984 年，经国家科委批准，在植物保护研究所基础上，成立生物防治研究室。1979 年 12 月，利用合资项目，建立国家作物遗传资源贮藏中心（即国家种质资源库），1984 年 8 月 15 日，在京举行奠基落成典礼。所有这些为适应国家需求和国际农业科技发展新趋势，建立新兴的科研机构，为现代农业发展提供了条件。

　　1985 年 12 月，国务院科技领导小组决定开展全国科技普查工作。根据国家科委的统一部署，在农牧渔业部领导下，组成由赵乃文、信乃诠、肖瑞宁同志负责的部科技普查小组，在各省、市、自治区人民政府以及各类研究与开发机构的支持和合作下，中国农业科学院召开了部属研究与开发机构科技普查培训工作会议，并按统一指标体系，开展了全面的科技普查工作，初步摸清了家底。对全国农业系统研究与开发机构的状况做了客观描述，并以农牧渔业部科学技术司名义，编辑《全国科技普查资料汇编（农牧渔业系统）》[1]，包括全国农业系统研究与开发机构、人员、科技活动、经费、资产、成果与转让等资料，为国家和部门的科技体制改革和宏观决策提供了基础数据。

---

　　①　农牧渔业部科学技术司《全国科技普查资料汇编（农牧渔业系统）》，1986 年 12 月

第三节　恢复、组建中国农业科学院第二届学术委员会

经过近 5 个月筹备，1984 年 12 月 17—23 日，在北京科学会堂召开中国农业科学院第二届学术委员会议。会议期间，中央军事委员会副主席聂荣臻写来贺信，他在信中说："农科院建院以来取得很大成绩，对我国农业的发展起了很大的作用。""我热切希望专家们本着中央关于发展农业的精神，把我国农业科技工作再大力推前一步，为建设具有中国特色的社会主义农业贡献力量！"国务委员方毅出席会议，并发表了讲话，重点讲了四个问题：一是知识价值问题。要认识到知识是有价值的，而且有很高的价值。知识有价值体现在人，就是知识分子。小平同志在 1977 年就提出"尊重知识，尊重人才"。二是研究机构应大量提拔中青年科技人员，有难度也要积极推进，让他们有用武之地。三是内外的科技交流问题。内部要交流，不要互相封锁。对外也要交流，要在保守国家机密的情况下交流。四是情报信息问题。中国农业科学院情报中心要与国家情报所联网，将来要和世界联网。情报所应该每天有一张世界农业最新动态送到农牧渔业部部长、中国农业科学院院长桌子上，指出动向，启发很大。最后，方毅同志对辛苦地战斗在农业科技战线的同志们表示慰问！国防科工委副主任、著名科学家钱学森做了题为《第六次产业革命与农业科学技术》的学术报告。农牧渔业部何康部长在开幕式上讲话，相重阳副部长在闭幕式上讲话。

这届学术委员会面向全国，邀请农业科研机构、高等农业院校、中国科学院和行政部门多学科、有影响的农业科学家、院士和领导参加，共 84 人。选举金善宝、何康为名誉主任委员、卢良恕院长为学术委员会主任。学术委员会设常务委员会和农学、园艺特作、土壤肥

料、农田水利、植保兽医、畜牧草原、农业新技术、农经及区划 8 个学组。同时，聘请了各学组正、副组长和学术委员。

会议首先听取并审议了卢良恕院长的工作报告。委员们普遍认为，中国农业科学院在党的十一届三中全会路线指引下，在农牧渔业部领导下，做了大量的工作，取得了较大成绩。同时，对中国农业科学院科研工作的改革和进一步开创新局面等问题提出了意见和建议。

会议讨论修改了《中国农业科学院学术委员会章程》。还审议了《中国农业科学院"七五"规划和后十年设想》。

会议期间，各位委员对我国农业科技工作的发展方向、技术政策和科研体制改革等问题进行了热烈讨论，提出的主要问题与建议如下。

（1）目前的科技奖励政策过多地强调产量、面积、经济效益，而对农业科学的宏观社会效益重视不够，对基础性工作和理论研究体现得不够，应进一步调整政策，调动各级各类科技人员的积极性。

（2）农业科研工作应改变过去单纯局限于种植业、局限于粮棉油猪的状况，要面向农牧渔全面发展和农工商综合经营，从单纯研究生产过程，延伸到研究产前、产后的生产问题，更好地为产业结构调整和商品生产的发展服务。

（3）农业科学是生命科学、工程科学和经济科学的综合复杂系统，必须建立起我国农业科学的理论与技术体系。因此，要重视基础工作和理论研究，特别是中国农业科学院的研究工作要高一点、深一点、远一点，应该尽快地成立生物工程研究所。

（4）要重视农业发展战略研究，特别是对全局性和地区性的农业发展，对产业结构的调整与布局，提出综合评价，为国家的宏观决策提供科学依据。

（5）要加强农业情报信息工作，跟踪世界农业科技的最新动态，及时、准确地做好检索、报道和咨询工作，更好地为农业和农业科技工作服务。

（6）要放宽科研单位外事活动权限，更大胆地执行开放政策，请进来、派出去，甚至与国际有关单位合办研究机构。

（7）要加快科技人员的培养，扩大研究生的招生比例，同时，要抓好在职科技人员再培训，不断更新知识，以适应当今科技飞速发展的需要。

（8）要通过多形式、多渠道，增加经费来源，把研究所搞活。各级科研单位都要确立经营思想，重视经济利益，积极开拓技术市场，克服"大锅饭"和平均主义的弊端，更好地面向生产。

同时，第二届学术委员会代表还提出既有高度、又有广度的意见与建议，通过了《加快农业科研改革步伐的建议》①，并上报农牧渔业部和国务院。

第四节　加强农业研究和开发研究

中国农业科学院在"六五"攻关的基础上，组织专家、科技人员和管理人员，分层次、多渠道争取"七五"科研项目的工作，取得了很大成效，对稳定队伍、缓解事业费不足，进一步巩固和发展全院科研工作形势，多出成果、快出人才，起到了重要作用。

1986年1月4日，中国农业科学院召开记者招待会，系统介绍了"六五"以来取得的重大科研成果和"七五"期间科研工作安排。

据初步统计，中国农业科学院36个研究所（中心、室），1978年共设题目1 013个，比"六五"后期（1985年）增加了40%，其

---

① 中国农业科学院文件（84）农科院（科）字第363号，《关于我院学术委员会会议情况的报告》，1984年12月29日

中，国家、部门重点科研题目 793 个，占题目总数的 78%。

从类型划分看：基础研究和基础性工作 215 个，占 21.2%，应用研究 685 个，占 67.6%，开发研究 113 个，占 11.2%，三类研究比例为 2.1∶6.8∶1.1。

从科技人员投入看：全院投入题目研究的科技人员 2 918 人，占科技人员总数的 57.6%。其中项目主持人 1 075 人，占科技人员总数的 36.8%。

从获得三项费用看："七五"前四年，即 1986—1989 年获得三项费用近亿元，其中农业项目占比超过 2/3，畜牧业项目占比近 1/3。预计"七五"期间获得三项费用总数将超过 1 亿元。

从试验研究条件看：近 10 年来，中国农业科学院恢复和发展，试验研究条件有了初步改善，现有实验用房 30 万平方米，试验地、果园 2.1 万亩，万元以上大型仪器设备 1 200 台（件），藏书 120 多万册，出版各种专业期刊 75 种，还有相应的各种试验设施等。

以上人、财、物等状况表明，中国农业科学院"七五"的综合科研能力是比较强的。

11 月 26 日至 12 月 6 日，中国农业科学院在京召开科研管理工作会议。卢良恕院长在会上指出，为适应农村商品经济发展和新技术革命挑战的需要，中国农业科学院"七五"科研工作出现了新变化、新特点，其主要表现如下。

1. 科研领域进一步拓宽

"七五"期间，科研工作实现五个转变，即从粮棉油猪转到种植业和养殖业并重，从产中研究到重视产前、产后研究，从种植业为主的小农业转向大农业，从重视 15 亿亩耕地到面向 144 亿亩整个国土，从常规技术到高新技术研究。进一步拓宽了研究领域。

2. 高新技术和基础研究有所加强

"七五"期间，设立了院长基金，组织并鼓励有条件的单位，积极承担"863"高技术计划和国家自然科学基金项目，切实加强高、新技术和基础研究。据统计，这方面科研题目达 191 个，占全院科研题目总数的 17.4%。

3. 开发研究和开发性工作有新突破

"七五"期间，加强了开发研究和开发性工作，安排了一批中试项目、推广项目、引进消化吸收项目，并取得了明显的经济效益。1986 年纯收入 300 万元，1988 年达到 800 万元，不仅加快了科技成果商品化，而且还增加了收入，对缓解事业费不足起了一定作用。

4. 联合攻关主战场初步形成

中国农业科学院和有关研究所主持、参加主持的国家、部门科技攻关项目，如农作物品种资源研究，有 498 个单位 2 656 人参加。农作物主要病虫草鼠害综合防治研究，有 92 个单位 970 人参加。黄淮海综合治理研究有 20 多个单位 1 141 人参加。北方旱地农业增产技术研究，有 19 个单位 410 人参加等，通过这些项目协作研究，把中国农业科学院和全国，包括各省、市、区农业科研、高等农业院校和中国科学院有关单位的科技力量，组织到经济建设的主战场上来，为农业生产发展做出了成绩。

5. 组织协调科研工作新发展

中国农业科学院在 72% 的国家、部门重点科研项目中，有 40% 是由中国农业科学院和有关所主持、参加主持的。我们除搞好自身的科研工作外，还要面向全国，协助主管部门完成起草论证报告、组织专家论证、落实研究任务、检查执行情况、验收鉴定等工作，组织协调科研工作比较繁重，管理水平也有新的提高。

1982 年 1 月 5—14 日，由农业部主办、中国农业科学院承办的第四次全国农作物育种工作会议在北京召开。会议总结了 32 年来农作物育种工作经验：常规育种为主，充分利用其他各种手段育种；现代育种必须依靠多学科协作；科研与种子工作协作，搞好区域试验等，同时提出了 1982—1990 年育种工作任务。

据统计：全国育种工作队伍，包括科研、教学单位共 6 194 人，其中水稻 1 366 人，占 22%；小麦 1 190 人，占 19.2%；棉花 354 人，占 5.7%；玉米 596 人，占 9.6%；高粱 130 人，占 2.1%；谷子 182 人，占 2.9%；薯类 235 人，占 3.8%；大豆 333 人，占 5.4%；油料 414 人，占 6.7%；蔬菜 334 人，占 5.4%；果树 334 人，占 5.4%；烟草 66 人，占 1.1%；麻类 89 人，占 1.4%；茶 50 人，占 0.8%；甜菜 35 人，占 0.6%；绿肥 45 人，占 0.7%。

1982 年 2 月 20 日，农业部同意中国农业科学院上海家畜血吸虫病研究室改名为上海家畜血吸虫病研究所。2 月 20 日，中国农业科学院主持的中国第二次大规模农作物品种资源的征集工作基本结束。三年新获得约 9 万份农作物品种资源，连同 20 世纪 50 年代第一次征集保留的 16 万份，共拥有 25 万份，成为世界上拥有农作物品种资源最多的国家之一。3 月 10—13 日，中国农业科学院草原研究所在呼和浩特市召开牧草育种科研工作会议。7 月 22 日，中国农业科学院委托四川省农业科学院组织对云贵川中稻育种进行科学技术考察。8 月 26 日至 9 月 4 日，中国农业科学院主持的全国种植业区划会议在北京召开。10 月 16—23 日，中国农业科学院主持的全国畜牧业区划工作经验交流会在北京举行。12 月 22—27 日，中国农业科学院和上海市农业科学院联合主持，在南昌召开全国第二次水稻花培（组培）育种学术讨论会。12 月 23—27 日，中国农业科学院在武汉召开全国棉花杂种优势利用研究协作会议。

1983 年 1 月 5 日，中共中央书记处研究室向万里副总理提出《关于发展养蜂业和推进养蜂现代化的建议》。该建议指出，要"进一步充实中国农业科学院养蜂研究所，把它办成名副其实的全国养蜂研究中心"。1 月 24 日，受中共中央书记处农村政策研究室和中国农村发展研究中心委托，中国农业科学院承担主持粮食和经济作物发展研究任务。1月26日，中国农业科学院用试管胚胎移植手术繁殖成功的我国第一头奶牛出生。5月23日，中国农业科学院图书馆在北京主持召开中国农业图书馆协会成立大会。6月12日，农牧渔业部中国农业科学院情报研究所正式参加联合国粮农组织国际农业科技情报体系。8月，由中国农业科学院牵头，经过近30年研究，发现了黏虫在我国从南往北迁飞又从北往南回迁的规律。10月9日，何康部长指示中国农业科学院大力加强地膜栽培的研究与推广工作。10月，中国农业科学院有16个研究所（室）承担"黄淮海平原中低产地区综合治理综合发展"国家攻关项目中16个课题研究。

1984年3月14—15日，受农牧渔业部科教司的委托，中国农业科学院在北京召开生物技术研究汇报会。8月6—16日，中国农业科学院主持的全国作物品种资源工作会议在北京召开。9月29日，中国农业科学院提出"亟待开发我国奶牛胚胎移植技术"建议，受到胡耀邦总书记的重视，他批示："这是一个好消息。加强加紧推广和提高技术，办法是对做出贡献的同志实行重奖。但进口高产种牛和奶牛也要抓紧。两条腿走路，总能更快些。"11月29日至12月6日，中国农业科学院主办的第四次全国农业科技情报工作会议在北京召开。

1985年1月21—26日，中国农业科学院主持的天然草场改良技术交流会在呼和浩特市召开。3月27—30日，中国农业科学院在北京召开北方旱地农业科研协作会。5月10—14日，由中国农业科学院筹办的中国农学会农业气象研究会代表大会暨1985年学术年会在北京召开。5月27—29日，由中国农业科学院等单位筹办、中国原子能农学会和北京市核学会联合举办的全国花卉辐射育种首次学术讨论会在北京召开。6月6日，国家科委批准，同意农牧渔业部将中国农业科学院农业科技情报研究所同时作为农牧渔业部情报研究所。6月25—30日，中国农业科学院受国家科委、农牧渔业部委托，在郑州召开"全国农业生物技术发展政策座谈会"。8月19日，草原研究所实行以中国农业科学院为主、农牧渔业部和内蒙古自治区双重领导体制，同时，挂内蒙古自治区草原研究所牌子。11 月 8 日，中国农业科学院无特定病原（SPF）鸡群疫病监测技术在哈尔滨市成功通过农牧渔业部鉴定。12 月 5 日，中国农业科学院建成的我国第一个大型农业经济统计资料数据库系统通过技术鉴定。12 月 16 日，中国农业科学院情报研究所研究员郑易里设计完成的计算机汉字 26 键拆根编码方案（郑码方案）在北京通过鉴定。

1986 年 7 月 3—10 日，中国农业科学院受农牧渔业部委托，与北京农业大学共同主持召开黄淮海攻关项目合同起草会议。9 月 4—25 日，中国农业科学院武陵山区技术开发领导小组组织 22 个研究所（室）32 人参加的考察组，对湖北鄂西、湖南湘西、怀化及贵州铜仁的 4 市、17 个县的农业生产状况做实地考察。10 月 17—22 日，卢良恕院长在湖南省大庸市（现改为张家界市）主持召开"武陵山区农村综合开发治理学术讨论会"。

1987 年 2 月 16 日，全国人大常委会委员、中国科协副主席裴维蕃教授来中国农业科学院考察工作。4 月 22 日，中国农业科学院和中国预防医学科学院联合举办学术报告会，就营养与食品等交叉学科进行学术交流。9 月 18—22 日，中国农业科学院、中国农学会、西北农业大学在陕西杨陵召开"国际旱地农业学术讨论会"。10 月 5—9 日，中国农业科学院与中国植保学会在山东威海联合召开全国第一次天敌保护利用学术讨论会。11 月 6—9 日，中国农业科学院在油料作物研究所召开农业科技期刊编辑学会成立大会。12 月 8—12 日，中国农业科学院在北京召开农村基点工作会议。

1987 年 9 月 20 日，国家计委、科委和财政部在北京联合召开"七五"国家重点科技攻关项目颁奖发布会，共表彰阶段性科技成果 210 项，80% 达到了 20 世纪 80 年代国际先进水平。其中中国农业科学院受表彰奖励的有 7 项，即：农作物品种资源中的作物繁种；作物新品种选育中的水稻、玉米、甘蓝育种；作物病虫害综合防治中的棉花病虫防治；黄淮海综合治理中的土壤培肥；畜牧水产中的开发南方草山草坡人工种草实验区等。

在宏观研究方面，1978 年完成了"加速我国农业现代化建设"研究任务，出版了《加快我国农业现代化建设》一书（人民出版社，1981 年）。1979 年年初，启动的国家"八五"重点科技攻关项目，农业自然资源和农业区划研究所完成了中国种植业区划、中国畜牧业综合区划和 21 种农作物专业区划等 16 项任务，提供了专门报告，为我国农业结构调整与布局提供了依据。1983 年 1 月 24 日，受中共中央书记处农村政策研究室和中国农村发展中心委托，中国农业科学院主持开展的"粮食和经济作物发展研究"，提出了"人均 400 公斤粮食不可少"的建议①，受到国务院和有关部门重视和采纳；1985 年"我国中长期食物发展战略研究"是国家自然科学基金委员会重大项目，卢良恕等组织跨部门、多学科力量，开展了我国中长期食物发展战略研究，其研究成果"中国中长期食物发展研究"获国家科技进步奖二等奖。同时，经国务院批准成立"国家食物与营养咨询委员会"，并发布了《90 年代中国食物结构改革与发展纲要》。

重要成果

综合统计，中国农业科学院在 1982—1987 年，以第一完成单位取得了一批具有世界先进水平的科技成果。国家"三大奖"36 项，其中，国家自然科学奖 1 项，国家技术发明奖 6 项，国家科学技术进步奖 29 项。即：国家自然科学奖二等奖 1 项；国家技术发明奖一等奖 3 项，二等奖 1 项，三等奖 2 项；国家科学技术进步奖一等奖 2 项，二等奖 14 项，三等奖 13 项。

---

① 中国农业科学院"人均 400 公斤粮食不可少"，1985 年 2 月

中国农业科学院作为第一完成单位取得具有代表性、标志性的重大科研成果①主要如下。

1. 中国小麦条锈病流行体系研究

由植物保护研究所主持。中国是世界上最大的小麦条锈病流行区，经过 30 多年努力，查明病菌的越夏地区、方式和条件；查明病菌的越冬地区、方式和条件；建立一套符合中国实际的鉴别寄主和监测系统；制定防治策略，提出可行测报方法，准确率达 78%。

该项研究有重要的理论和实际意义，对我国植病学科发展有明显影响，达到国际先进水平。

1987 年获国家自然科学奖二等奖。

2. 多抗性丰产玉米杂交种"中单 2 号"

由作物育种栽培研究所选育。其主要特点：高抗多种病害，对玉米大、小斑病的抗病级别为 0.5 ~ 1.0，对丝黑穗病的发病株率仅 0.5%；适应性广，能在全国 17 个省、自治区、直辖市良好生长，其分布范围北起北纬 42.8°，南到北纬 22°，东起东经 122.5°，西至东经 77.5°；增产明显，大面积生产试验的测定结果表明，"中单 2 号"比推广的杂交种的增产幅度为 15% ~ 25%，每亩可增产 75 ~ 100 千克。1983 年已推广到 2 629 万亩，成为当时中国种植面积最大的一个玉米杂交种。

1983 年获国家技术发明奖一等奖。

3. 甘蓝自交不亲和系的选育及其配制的 7 个系列新品种

该发明提供甘蓝具有广泛自交不亲和性的特点和杂种优势的遗传原理，采用连续自交，分离鉴定，定向选择的方法，选育出"7224-5-3"等 10 个甘蓝自交不亲和系，解决了自交不亲和系的选育和一

---

① 所列科研成果来自牛盾主编，信乃诠、石燕泉副主编的《1978—2003 年国家奖励农业科技成果汇编》，中国农业出版社，2004 年

代杂种制种等技术难题。先后配制出"京丰一号"等7个系列新品种，其主要特点：丰产性好，早中晚熟配套，抗逆性较强，适应性广，品质较好。

该系列品种在国内28个省（自治区、直辖市）推广应用，1984年达140万亩，年增收值达2.04亿元。

1985年获国家技术发明奖一等奖。

4. 聚乙烯地膜及地膜覆盖栽培技术

应用厚度为0.015毫米的聚乙烯地膜覆盖地面，所产生的提高地温、保持水分、提高土壤肥效、保持土壤疏松的物理结构等效应，能促进根系生长，加速作物生长发育，提早成熟、改进品质，获得高产，是一项成功的栽培技术。首选在蔬菜上试验应用获得成功，通过组织联合试验和技术协作，很快在其他多种作物上应用推广。在地膜覆盖栽培理论研究方面已达国际先进水平。

该项技术在全国29个省（自治区、直辖市）全面推广，1984—1985年累计覆盖面积353.3公顷，净增效益达28亿元。

1985年获国家科学技术进步奖一等奖。

5. 棉花研究所主持的全国棉花品种区域试验及其结果应用研究

区域试验是新品种选育和审定、繁殖、推广的重要中间环节。通过区域试验对新育成的棉花品种进一步鉴定其丰产性、早熟性及其纤维品质，确定其最适宜的推广地区，并为制定新的育种目标、探讨引种规律以及生态研究等提供科学数据。该项研究的主要内容：建立健全系统的管理制度和科学的试验技术；准确鉴定出一大批优良品种，推荐生产应用；总结出棉花引种规律；为育种目标提供了可靠依据。

根据测算，仅以通过区域试验推荐生产应用的"鲁棉1号""中棉所10号""鄂沙28""豫棉1号""86-1""黑山棉1号""新陆早1号""岱字15"8个品种推广面积最高年份计，净增皮棉98.1万吨，年增值26.17亿元。

1985年获国家科学技术进步奖一等奖。

6. 猪 O 型口蹄疫组织培养聚乙烯亚胺（BEI）灭活矿物油佐剂疫苗

兰州兽医研究所经室内安检38批接种疫苗猪248头，在广西、四川等地区试11批，接种疫苗各类猪61 439头，均安全；室内效检33批223头，油包水乳苗保护率89.25%、双向乳剂苗保护率88.73%、对照猪发病率98.18%。该疫苗最小免疫剂量0.5毫克，接种疫苗后10天产生免疫力、免疫持续期6个月、4~8℃保存期12个月。已在农业部兰州生物药厂生产。在生产中应用，对猪免疫效力好，取得显著的经济效益。

1987年获国家科技进步奖二等奖。

第五节　积极探索科技体制改革

积极探索中国农业科学院的改革。1984年年初，卢良恕在院工作会议报告中，提出中国农业科学院改革的指导思想，是放手鼓励与支持研究所和广大科技人员投入社会主义农业现代化建设，多出成果，快出人才。改革的中心环节是简政放权、扩大研究所的自主权；充分调动全院职工、特别是科技人员的积极性，让他们发挥作用。

一要加强与省、市、区农科院、高等农业院校和中国科学院有关单位的联系与协作；二要按照各类研究工作的性质和特点，实行分类改革；三要采取政策性措施，吸引人才，鼓励流动；筹建中国农业科学院研究生院；四要更加大胆地实行对外开放的政策，引进技术，引进智力。改革要分步骤地进行，第一步进行试点；第二步在机构人员等方面进行调整；第三步结合全国科技体制改革，实现中国农业科学院结构、布局、体制的合理化。

此前，在 1983 年 10 月 5 日，卢良恕等 4 位同志向党中央、国务院提出《关于改革我国农业科技体制的建议》，受到国务院领导的重视。

邓小平视察南方谈话之后，1987 年，卢良恕带领信乃诠、司洪文，在广东省农业科学院院长伍尚忠和中国热带作物研究院院长黄宗道陪同下，先后赴改革开放前沿，考察了珠江三角洲地区的农业科研单位、高等农业院校和经济开发区的各类商品基地，深入探讨商品经济比较发达地区农业科技体制改革问题，并提出调查报告，分别在《中国农学通报》发表题为《关于开发治理海南岛热带农业资源的建议》（1988 年 2 期）和《珠江三角洲经济开发区农业科技体制改革情况的调查报告》（1988 年 4 期）的论文，受到农业科技界的关注。

1984 年 1 月，《中共中央关于科学技术体制改革的决定（征求意见稿)》下发后，卢良恕及时组织有关同志深入学习和讨论，一致认为：按照"依靠、面向"的战略方针，遵循科学技术发展规律，对科学技术体制进行坚决的有步骤的改革是完全必要的。在运行机制改革方面，要改革拨款制度，开拓技术市场，克服单纯依靠行政手段管理科学技术工作，国家包得过多、统得过死的弊病。但是，农业科技工作同工业科技不同，具有自身特点与规律，属公益性、基础性事业，需要国家、政府提供事业费支持等。卢良恕主持撰写建议，呈送有关部委和国务院。同时，卢良恕等在中央有关座谈会上直接反映了意见，得到国务院领导和有关部门的重视与支持，1985 年 3 月 13 日正式发布的《中共中央关于科学技术体制改革的决定》（以下简称《决定》），标志着中国科学技术体制改革进入了新时期。在《决定》中，结合农业科技实际和自身规律，增加了一部分，即第五部分，明确提出"农业技术推广机构和研究机构的事业费，仍可由国家拨给，实行包干制"，对稳定队伍、发展农业科技事业起了重要作用。

为贯彻《中共中央关于科学技术体制改革的决定》精神，农牧

渔业部向全国农业系统印发《关于农业科技体制改革的若干意见
（试行）》，有效地推动了农业科研机构的改革。中国农业科学院在
刘志澄副院长主持下，1985 年 4 月及时组织起草了《中国农业科学
院关于科研体制改革的若干暂行规定》《所长负责制试行条例》等制
度，1986 年 8 月又起草通过了《中国农业科学院研究所所长工作暂
行规定》等 4 个制度，对推动中国农业科学院科研体制改革起了重要
作用。

第六节　敞开国际科技交流大门

在改革开放方针指引下，1986 年 1 月 27—31 日，中国农业科学
院召开第二次外事工作会议。对外科技交流与合作有了新发展，先后
同 9 个国际研究中心建立了经常联系，向 4 个中心派去科学家担任理
事，与澳大利亚、法国、意大利、加拿大等国签订了双边农业科技合
作协定，还向六大洲的 53 个国家派出科技人员 1 457 人次，请进专家
和访问学者 829 人次，并多次召开或参加国际会议，同多国广泛建立
书刊和资料交换关系，打开了国际科技交流与合作的新局面。

一、出　访

1982 年 4 月 24 日至 5 月 24 日，以任志为团长、刘志澄为副团长
的中国农业科学院农业经济代表团一行 5 人赴美访问，考察了 4 所大
学、6 个农牧场、美国农业部经济研究局、国际食物政策研究所、世
界银行经济发展培训学院、芝加哥农产品交易所等 20 多个单位。9 月
9—29 日，以贺致平副院长为团长的中国农业科学院代表团一行 6 人
赴意大利访问。先后访问了 5 个城市和地区，参观了 7 所大学、16 个
专业研究所等，并对 1983 年两国协作项目计划交流了意见。9 月 23

日至 10 月 2 日，应日本农林水产省的邀请，以信乃诠为团长的中国农业气象考察团访问了日本国立农业技术研究所、北海道、东北农业试验场，青森、岩手、宫城县农业试验场（中心），筑波、北海道、千叶大学等 14 个单位。

1983 年 9 月 3 日至 11 月 10 日，以中国农业科学院情报研究所为组长单位的全国农业图书情报中心考察组赴美国进行考察。10 月16—25 日，应日本政府农林水产省和日本粮食农业协会（简称日本 FAO 协会）的邀请，卢良恕院长等出席由日本 FAO 协会主办的第三次世界粮食日讨论会。10 月 31 日至 11 月 4 日，卢良恕院长受农牧渔业部委派，代表中国政府首次出席国际农业研究磋商组织在华盛顿举行的年会，受到与会各国代表的热烈欢迎。会上，卢良恕院长代表我国政府宣布，自 1984 年起，中国作为国际农业研究磋商小组成员国，每年向国际农业研究磋商小组捐款 50 万美元。11 月 14—25 日，以卢良恕院长为团长的中国农业科学院赴墨西哥访问国际玉米小麦改良中心。

1984 年 3 月 11—27 日，以卢良恕院长为团长的中国农业科学院代表团应澳大利亚国际农业研究中心邀请赴澳考察访问。5 月 26 日至6 月 9 日，应国际水稻研究所斯瓦米纳森所长和菲律宾农业资源开发委员会的邀请，卢良恕院长率领中国农业科学院代表团赴菲律宾访问。8 月 19 日，中国农业科学院组团赴意大利、奥地利、菲律宾、新加坡等国考察并访问联合国粮农组织国际农业情报体系。9 月，何广文副院长率中国农业科学院代表团赴非洲尼日利亚访问国际热带农业研究所。

1985 年 3 月 27—29 日，刘志澄副院长代表卢良恕院长出席在日本横滨召开的 21 世纪粮食专题讨论会。10 月 21 日至 11 月 12 日，卢良恕院长应邀赴美国参加国际农业研究磋商组织年会和费城农业促进协会成立两百周年庆祝活动。

1987 年 10 月 10—23 日，卢良恕院长率中国农学会农业综合技术代表团，赴日本考察。

1988 年 4 月 25 日至 5 月 4 日，刘志澄副院长率中国农业科学院代表团赴国际半干旱热带作物研究所访问，并签署了双边的合作协议。

二、来　访

1983 年 4 月 2—8 日，应中国农业科学院邀请，以斯瓦米纳森所长为首的国际水稻研究所代表团来我国进行访问。同时，应邀来访的还有国际农业研究磋商组织主席、世界银行副行长鲍姆先生和国际水稻研究所两位前所长钱德拉博士和布雷博士。

1984 年 1 月 26 日，罗马尼亚驻华大使米库列斯库偕夫人来中国农业科学院就罗马尼亚与我国进行农业科学技术交流等问题交换意见。9 月 8 日，国际马铃薯中心主任索耶博士率考察组来我国考察马铃薯、甘薯的科研、生产情况和该中心提供的材料在我国的生长表现。

1985 年 1 月 25 日至 2 月 11 日，美国洛克菲勒基金会农业科学部主任阿普博士和顾问格雷博士到中国水稻研究所访问。4 月 11 日，联合国粮农组织助理总干事、亚太地区办事处主任普里博士等一行，到中国农业科学院访问。5 月 7 日，刘志澄副院长接待澳大利亚初级产品部农业经济局局长安德鲁·斯德科尔博士为团长的澳大利亚农业经济代表团来访。5 月 10—13 日，由雅克·鲍利院长率领的法国农业科学研究院代表团应邀对中国农业科学院进行友好访问。6 月 7 日，捷克斯洛伐克副总理兼经济计划委员会主席斯瓦托普卢克·波塔奇率领的政府代表团参观访问中国农业科学院茶叶研究所。6 月 11 日，朝鲜国家科学技术委员会副委员长金英浩一行到中国农业科学院参观访问。6 月 20 日，29 个国家驻华使馆的大使、商务参赞和经济官员参观访问中国农业科学院茶叶研究所。8月25日，联合国国际黄麻组织高级官员 M. K. 阿里博士专程到中国农业科学院麻类研究所参观访问。8月31日，以马马内主席为团长的尼日尔全国发展委员会代表团访问中国农业科学院。9月4—7日，国际马铃薯中心主任索耶博士等应邀访问中国农业科学院。9月26日至10月1日，国际水稻研究所所长斯瓦米纳森博士率代表团访问中国农业科学院。10月30日，以阿根廷农牧国务秘书（部长级）卢西奥·雷卡为团长的阿根廷政府农牧代表团到中国农业科学院参观。11月7日，由加拿大农业部卡怀斯部长率领的加拿大政府农业代表团到中国农业科学院参观。11月17—23日，应卢良恕院长的邀请，以菲律宾农业和资源研究开发委员会主任瓦尔梅尼为团长的访华代表团在我国进行友好访问。

1986年3月29日，罗马尼亚共产党中央政治执行委员会委员、政府第一副总理扬·丁卡一行，参观蔬菜研究所从罗马尼亚引进的现代化大型玻璃温室。4月3日，由波兰农林和食品经济新长斯坦尼斯瓦夫·津巴率领的波兰农业代表团来中国农业科学院参观访问。8月17—19日，美国国家图书馆馆长霍华德博士一行来中国农业科学院图书馆讲学参观。9月12日，苏联农工委员会副主席、全苏列宁农业科学院院长尼古诺夫率领的苏联农业科技进步考察团到中国农业科学院访问。国务院农村发展研究中心杜润生主任在中国农业科学院会见了苏联客人。

三、科技合作

1983年5月5日，卢良恕院长和美国洛克菲勒基金会农业科学部主任格雷博士在北京正式批签种质库初步设计和工程预算。6月12日，农牧渔业部批准中国农业科学院情报研究所正式加入联合国粮农组织国际农业科技情报体系。9月，中国农业科学院情报所与英联邦农业局情报部签订1985—1990年交换文献的正式合同。

1986 年 5 月 7 日，经国家科委和农牧渔业部批准，刘志澄副院长代表中国农业科学院签署关于加拿大国际发展研究中心建立"中国农业情报服务"项目的赠款条件备忘录。中国农业科学院与加拿大 IDRC 联合开展"利用赤眼蜂防治害虫"项目备忘录和谅解备忘录由中国农业科学院秘书长梁克用代表签字生效。10 月 8 日，国家科委同意中国农业科学院农业气象研究室以团体会员身份加入国际生物气象学会等。

此外，1986 年 11 月 8 日，中国农业科学院聘请美国农业部徐惠迪博士为蔬菜研究所生物技术顾问，刘志澄副院长代表我院向徐惠迪博士颁发聘书。1987 年 6 月 16 日，中国农业科学院聘请美籍华人梁学礼博士为作物育种栽培研究所名誉研究教授。

四、科技交流

1983 年 6 月 5—7 日，法国农业科学研究院和中国农业科学院在北京召开双边生物防治学术讨论会。6 月 6—20 日，由中国农业科学院主持召开的国际马传染性贫血病免疫学术讨论会在哈尔滨举行。

1987 年 5 月 25 日，中国农业科学院原子能利用研究所受国际原子能机构和中国核工业部的委托，举办了食品与农产品辐射杀虫国际研究协调会议。9 月 18—22 日，中国农业科学院、中国农学会、西北农业大学在陕西杨陵召开国际旱地农业学术讨论会。9 月 21—25 日，由国际水稻研究所和中国农业科学院联合举办的 1987 年国际水稻研究会议在杭州举行。会议期间，何康部长代表农牧渔业部和中国农业科学院，授予国际水稻研究所所长斯瓦米纳森博士"中国农业科学院名誉研究教授"证书。

1983 年 2 月，中国农业科学院兽医专家、原副院长程绍迥博士被选为美国约翰斯·霍布金斯学者学会会员。

1986 年 1 月 22 日，法国驻华大使马乐，以法国农业部部长名义，授予中国农业科学院生物防治研究室邱式邦院士法国农业主功勋骑士勋章。10 月 4 日，何康部长受美国农业服务基金会主席恩斯明格博士委托，在中国农业科学院举行授奖仪式，将两块刻有"美国农业服务基金会永久荣誉会员"的奖牌，分别授予金善宝名誉院长和邱式邦教授，表彰他们对农业科技事业做出的贡献。10 月 8 日，美国明尼苏达大学举行仪式，授予中国农业科学院原子能利用研究所名誉所长徐冠仁教授杰出成就奖。

第七节　迎来建院 30 周年

1987 年是中国农业科学院建院 30 周年。9 月 9—11 日，在北京召开了庆祝大会，党和国家领导人方毅、严济慈出席大会。出席大会的有中央书记处农村政策研究室、农牧渔业部、国家计委、国家经委、国家科委、财政部、中国科学院和全国各省、市、自治区农业科研机构及重点高等农业院校相关领导以及中国农业科学院第二届学术委员会委员，各研究所、中心、室领导和职工代表，共 700 多人。

庆祝大会由何光文副院长主持。卢良恕院长做了建院 30 周年的报告。农牧渔业部何康部长对中国农业科学院表示祝贺，并对今后工作提出了希望和要求。中央书记处农村政策研究室杜润生主任就科技体制改革、科技队伍建设和提高科研水平做了讲话。全国人大常委会委员刘瑞龙在会上怀着崇敬的心情，回顾了中国农业科学院第一任院长丁颖同志在中国农业科学院创建方面的贡献和在稻作学上的理论贡献。最后，国务委员方毅同志在热烈掌声中发表了重要讲话，他首先对中国农业科学院建院 30 周年表示热烈和衷心的祝贺，并深刻指出我国农业生产面临的重要任务，特别强调了粮食问题。他提醒大家千万不要忘记"民以食为天"这句名言，勉励广大农业科技工作者继续努力探索，为农业上两个新的台阶做出贡献。

会议期间还召开了农业科学发展战略学术讨论会。

卢良恕的报告，首先回顾了中国农业科学院建院 30 年来，在党中央、国务院的关心与支持下，在农牧渔业部的领导下，农业科研主要领域取得了重要成就。中国农业科学院成为全国性、综合性的科研机构，主要针对农业和畜牧业的科学研究。共有 38 个单位，包括一个图书馆、一个研究生院和一家出版社以及 34 个研究所。全院职工 10 586 人，其中科技人员 5 063 人（高级职称科研人员 999 人，占 19.7%），有试验场 12 万亩，栽培面积 2 万多亩，用于试验、工作和生活的建筑面积达 80 多万平方米。有大型仪器设备 1 000 多套，馆藏书 120 多万册，科技刊物 69 种。并与世界 40 多个国家、地区建立了广泛联系。

自 1957 年建院后，经过曲折不平坦道路，科研体制有过多次变动。1958 年 6 个大区农业科学研究所下放给所在省；1959 年快速发展，新建了一批研究所，1960 年被大精简，1962 年又得到恢复，到 1965 年全院有 28 个研究所，职工总数 6 364 人，其中科技人员 3 284 人。"文化大革命"期间，中国农业科学院搬迁下放，损失很大。

尽管如此，中国农业科学院自建立以来，广大科技人员认真贯彻"科研与生产结合，生产为服务"这一宗旨，积极、团结、努力地进行主要研究工作，30 年来取得了重要成就。有 80 个项目获得了国家奖励，约占农牧业获奖项目总数的 32.9%，特别在 1978 年以后，取得了新的更多成就。根据不完全统计，在 1979—1986 年，217 个项目获得国家和农业部的奖励，占所有农牧业领域科研成果的 17.2%。上述获奖项目里，20 多个达到或接近国际先进水平，比如：小麦分类，水稻起源，异源八倍体小黑麦的育种，水稻和烟草的单倍体花粉培育，水稻、烟草和黄瓜的原生质培养以及盐碱土和红黄土的综合治理，迁飞性蝗虫的控制，小麦条锈病的防治，一星黏虫的冬季迁飞研究，羊冷冻精液的储存，冷冻胚胎的移植技术，猪瘟和牛疫的疫苗，马传贫的弱毒疫苗和它的诊断技术，SPF 鸡群疫病的监测，等等。这些成果不仅有很高的学术价值，在生产中也取得了巨大的社会、经济效益。同时，在国家主要研究计划的组织和协调方面，学术交流方面和理论著作的编辑出版方面，中国农业科学院都做了大量工作，发挥了重要作用。

过去两年，随着科技体系的深入改革，技术性商品通过多种技贸途径，如成果转让、技术协定、技术咨询和服务，满足技术市场广泛需求。条件较好的研究所加强与企业的横向联合，建立了融科研和生产于一体的综合性机构，加速科研成果向生产的转化，产生显著的社会、经济效益。

回顾以往 30 年来走过的路，是一条进步、曲折和发展之路，取得了非凡的成就，尽管也有种种挫折和困难。展望未来，我们更感到肩负重担。要认真贯彻"经济建设必须依靠科学和技术，科学技术必须为经济建设服务"这一方针，坚持把改革放在第一位，进一步端正工作的指导思想，调整方向和任务，使中国农业科学院的科研更好地满足我国经济建设的需要。同时，我们也应更加令人满意地进行"四个服务"，即为农业生产服务、为农业科学发展服务、为国家宏观决策服务和为各农业科研院所服务，做出更多的成绩，培养更多优秀的科研技术人员，为在 20 世纪末实现工农业总产值翻番做出更多贡献。

会后，《中国农业科学》发行了《庆祝中国农业科学院建院 30 周年》（专辑）。

第六章　改革、引领与发展（1988—1994 年）

在"七五"的基础上，根据"经济建设必须依靠科学技术，科学技术必须面向经济建设"的指导方针，中国农业科学院调整科技工作战略布局，科学研究与开发领域不断拓宽，逐步形成了面向经济建设主战场、发展高科技及其产业和加强基础性研究 3 个层次 4 个重点研究计划的战略布局。

面向国民经济建设主战场，"八五"科技攻关取得新进展、新成果。据统计，1991—1994 年全院共取得各类受奖成果 313 项（均为第一完成单位），其中，国家、部门奖励的重大科技成果 202 项，占全院受奖成果的 64.53%；面向 20 世纪末和 21 世纪人口、资源、环境、食物问题，切实加强种质资源、杂种优势利用、病虫害发生规律和防控、现代集约高产高效农业、气候变化对农业影响及对策以及选择科学前沿的优势领域和重点项目，开展超前研究，以取得重大进展与突破，争取在总体水平上缩小与国际先进水平的差距，一些优势领域和项目继续保持领先地位。

以科学技术是第一生产力的哲学思想为指导，按照"一个中心，两个基本点"这一基本路线的要求，进一步解放思想，更新观念，加快步伐，加大力度，深化改革，扩大开放，逐步建立起科技与经济密切结合新型的科研体制。

深化科研体制机制改革，中国农业科学院按照三类研究所，即学科所、专业所、综合所，在科研计划、科技成果、三项经费、专项经费等管理上，实行分类管理、分类指导，逐步建立起具有中国农业科学院特色的院、所两级科研管理新体制。

为适应对外开放的需要，加强中国农业科学院对外机构建设，成立了国际合作办公室，在"走出去""请进来"，对外科技合作与交流工作方面取得了新进展、新成果，为中国农业科学院走向世界奠定了基础。

积极参加全国农业系统 1 220 个地市以上具有独立法人的农业科研机构科研开发能力综合评估。选出前 100 名为"八五"全国农业科研开发综合实力百强研究所，其中有中国农业科学院的 18 个研究所；按基础研究类选出"八五"全国农业基础研究十强研究所，其中有中国农业科学院的 6 个研究所，反映出中国农业科学院的科研实力。

第一节　调整科技工作的战略布局

1987 年 12 月 21 日，中国农业科学院召开京区单位负责干部大会，农牧渔业部何康部长宣布国务院和中央组织部的决定，王连铮同志任中国农业科学院院长。金善宝、卢良恕、何光文、刘志澄先后发言，拥护上级决定。

1988 年 1 月 27 日至 2 月 3 日，中国农业科学院在京召开院工作会议。会议中心任务是，认真贯彻党的十三大精神，深入贯彻《中共中央关于科学技术体制改革的决定》，总结 1987 年的工作，部署 1988 年的任务。王连铮院长在工作会议结束时讲话，其要点：深化改革，搞好科技攻关；坚持"双放"搞好开发，把科技成果转变为生产力；

搞好人才培养，提高科研水平；做好研究所领导班子的换届工作等。

1988年1月，王连铮院长率领科研管理部负责同志赴西北农业大学考察杂交小麦研究问题。2月3—6日，为落实田纪云副总理关于"区域开发，增产粮食"的指示精神及何康部长的具体要求，王连铮院长、刘更另副院长率领科研管理部、黄淮海办公室及有关研究所负责同志，一行10人，先后到河北、河南、山东考察，与三省农委负责同志，深入就黄淮海平原综合治理问题交换意见。4月8—14日，王连铮率领科研管理部、计行部和黄淮海办公室负责同志，一行4人，先后到棉花研究所、农田灌溉研究所和郑州果树研究所进行调查，研究部署黄淮海平原的科技开发问题，并与河南省宋照肃副省长交换了意见。7月27日，中国农业科学院一批长期坚持在黄淮海平原综合治理农业开发，做出优异成绩的28名科技人员受到国务院表彰奖励。获得一级奖励的贾大林、张雄伟、何荣汾、李炳坦4位同志在北戴河受到李鹏总理等党和国家领导人的亲切接见。8月10—17日，王连铮率领中国农业科学院三江平原考察组一行16人，赴黑龙江省依兰县、佳木斯市、牡丹江市等地考察。10月14—17日，王连铮院长、刘更另副院长分别主持召开部分研究所、中心、室"七五"科研工作汇报会。11月25日，中国科协和中国农业科学院在北京联合举行纪念丁颖教授诞辰一百周年大会。参加纪念大会的有中国科协所属学会、协会、研究会代表，中国农业科学院京区各单位的负责同志和科技人员代表等500多人。大会由全国人大常委会委员、中国科协副主席裴维蕃主持，全国人大常委会副委员长严济慈、全国政协副主席、中国科协主席钱学森出席大会。中国农业科学院院长王连铮、中国科协荣誉委员杨显东、中国农业科学院作物育栽培研究所水稻专家林世成研究员、农业部部长何康先后在会上讲话。12月12日，王连铮院长被国务院任命为农业部副部长。

1989年5月11日，中共中央组织部任命沈桂芳同志为中国农业科学院党组书记（中组部（89）干任字 117 号通知），8 月 31 日沈书记到任后，深入院机关和京区研究所调研。

1990 年 2 月，农业部党组研究决定，甘晓松、陈万金、王汝谦、杨炎生为中国农业科学院副院长。5 月 15 日，中国农业科学院作物育种栽培研究所研究员庄巧生、畜牧研究所研究员李炳坦、植物保护研究所研究员李光博、蔬菜花卉所副研究员王跃林被农业部和劳动人事部授予"全国农业劳模"光荣称号。11 月 5 日，中国农业科学院哈尔滨兽医研究所研究员、博士生导师沈荣显和副研究员徐振东等研制成功的"马传染性贫血病驴白细胞弱毒疫苗"获得第三次陈嘉庚农业科学奖。

1991 年 4 月 22 日至 5 月 5 日，中共中央政治局常委宋平、国务委员陈俊生和农业部部长刘中一等，分别为对黄淮海平原综合治理做出重要贡献的中国农业科学院土壤肥料研究所已故著名土壤学家王守纯同志题词。5 月 20 日，中共中央组织部同意决定：王连铮同志任中国农业科学院党组副书记。5 月 23—28 日，在中国科协第四次全国代表大会上，王连铮院长当选为中国科协副主席，金善宝当选为荣誉委员，沈桂芳、卢良恕当选为委员。1991 年 3 月 8 日，王连铮、沈桂芳等院领导带领作物育种栽培研究所、蔬菜花卉研究所、土壤肥料研究所、农田灌溉研究所、畜牧研究所、果树研究所、黄淮海办公室和院机关职能部门负责同志，到河北省廊坊市考察。8 月 8 日，国务院副总理邹家华、国务委员陈俊生在农业部副部长马忠臣、国家计委副主任刘江、化工部副部长谭竹州等陪同下到中国农业科学院考察，了解有关降解地膜的试验情况。9 月 2 日，国家计委、国家科委、财政部举行国家"七五"科技攻关总结表彰大会，中国农业科学院受到表彰的先进集体有 13 个研究所 20 个项目，先进个人 7 人。作物育种栽培研究所李竞雄、畜牧研究所黄文惠分别代表中国农业科学院先进集体、先进个人到主席台上领奖①。9 月 17 日，中国农业科学院召开"七五"科技攻关总结表彰大会，分别表彰奖励在"七五"科技攻关做出突出成绩的先进集体、先进个人，还表彰奖励了"七五"科技攻关的先进课题组、先进工作者②。10 月 7—8 日，中共中央总书记江泽民在中南海与 18 位农业科学家座谈，共商依靠科学技术振兴我国农业大计，中国农业科学院沈桂芳、卢良恕、李竞雄、徐冠仁、李树德、贾士荣等 6 位同志出席座谈会并发言。10 月 26 日至 11 月 4 日，王连铮院长陪同李鹏总理到山东视察工作。

1992 年 1 月 11 日，中共中央政治局常委宋平在中央政策研究室回良玉副主任、农业部刘中一部长的陪同下到中国农业科学院视察并看望科学家。

1993 年 1 月 19 日，中央政治局常委胡锦涛，中央政治局候补委员、中央书记处书记温家宝，国务委员宋健、陈俊生等党和国家领导人到中国农业科学院慰问科技人员，看望为农业科技和农村发展做出贡献的有功人员，对全院广大科技人员是极大鼓舞。

1994 年 6 月 3 日，中国工程院成立，中国农业科学院卢良恕、刘更另当选为首批院士，卢良恕被任命为中国工程院副院长等。7 月 2 日，中国科学院、中国科学技术协会、九三学社、中国农业科学院联合举办金善宝教授百岁华诞茶话会。中共中央总书记江泽民、全国政协主席李瑞环送来花篮，国务院总理李鹏题词表示祝贺。

1990 年年初，中国农业科学院王连铮、沈桂芳主要领导通过调研和深入研究，对中国农业科学院科技工作战略布局做出了重大调整。"八五"基础上，科学研究与开发领域不断拓宽，逐步形成了面

---

① 国家计委、国家科委、财政部，国家"七五"科技攻关授奖成果光荣册，1991 年 9 月

② 中国农业科学院"七五"表彰名单，中国农业科学院，1991 年 9 月

向经济建设主战场、发展高科技及其产业和加强基础性研究 3 个层次 4 个重点研究计划的战略布局。

第一个层次的重点科技计划。其一，主要是面向经济建设主战场，迅速提高农业生产的技术水平，推进农业增长方式的两个根本性转变，为实现农业生产和经济发展的战略目标服务。其二，面向国家农业和农村经济发展需求，集中研究解决农业数量和质量效益方面的重大关键技术问题，为传统农业技术改造提供技术支撑。

第二个层次的重点科技计划。为适应世界新技术革命的挑战，坚持有限目标，有所为，有所不为，大力加强农业高技术研究开发与跟踪，为实现商品化、产业化和国际化服务。

第三个层次的重点科技计划。根据世界科技动向和发展趋势，特别是交叉和综合主导趋势，加强基础研究和前沿技术研究，力争取得重要进展和突破，为我国农村经济和科技发展提供强有力支撑。

1992 年 9 月 22—26 日，王连铮院长在北京主持召开的中国农业科学院改革工作会议上，提出要按照 3 个层次的战略布局，确立各类科技计划的基本原则：坚持优势、特色的原则，立足专业学科优势和多专业多学科综合优势，立足本单位，面向全国，走向世界；在中长期规划指导下，坚持以近为主，近远结合原则，近期要求具体，具有可行性和可操作性；坚持突出重点，兼顾一般的原则，使重点科技项目优先发展，取得重大进展和突破，带动全局。

据统计，"九五"时期，而经过院、所的共同努力，全院 37 个研究所（中心、室）共承担在研的国家、部门重点科研与开发项目 31 个、课题 66 个、专题 190 个、题目 975 个，比 "八五" 时期有明显增加。

1985—1992 年全院取得各类科技成果 1 216 项，受到奖励的科技成果 679 项，其中获国家奖励成果 74 项，省部级奖励成果 300 项，院级奖励成果 234 项，其他奖励成果 71 项，为发展农业科学、服务农业和农村经济持续稳定发展做出了贡献。

根据科研管理部测算，上述科技成果通过多种形式与途径，加快了推广与应用，其转化率达65%，年创经济社会效益在30亿元以上。同时，研究所也增加了收入，1991年科技开发纯收入1 510多万元，1992年达1 948万元。

第二节　组织重点科技攻关

此间，中国农业科学院结合国家重点科技攻关项目，主持并召开了一系列科技协作会、研讨会和经验交流会。

一、科技活动

1988年2月24—25日，中国农业科学院与黑龙江省政府在哈尔滨联合召开开发三江平原科技座谈会。2月25—29日，由中国农业科学院主持的国家自然科学基金项目"异常气候对农业生产的影响及其战略对策研究"科研协作会议在北京召开。参加协作的有中国农业科学院有关所（中心）、高等农业院校和中国气象局等12个单位。11月10—13日，中国农业科学院召开第五次全国农业科技文献工作会议。

1989年1月4—7日，中国农业科学院召开黄淮海平原综合治理开发工作会议。3月28—31日，中国农业科学院黄淮海平原综合治理办公室和河南省黄淮海平原综合治理办公室在郑州联合召开黄淮海平原玉米科技开发经验交流会。5月16—20日，中国农业科学院与中国科学院在北京联合召开全国草地科学学术讨论会。9月21—25日，中国农业科学院科研管理部科技开发中心组织作物育种栽培研究所、蔬菜花卉研究所、蚕业研究所、蜜蜂研究所等13个单位，部分科技产品参加了国家科委在北京举办的全国农业及支农产品科技交流交易会。12月23日，中国农业科学院生物技术中心研究成功的水稻"中花8号"原生质体再生植株通过了成果鉴定。

1990年5月14—15日，中国农业科学院在北京举行海峡两岸农田化学品研讨会。5月23—26日，由中国农业科学院土壤肥料研究所主持，作物育种栽培、品种资源、原子能利用、麻类、气象、兰州畜牧和北京畜牧等研究所共同承担的国家"七五"攻关项目——黄淮海中低产地区综合治理课题中的"禹城试验区"和"洼涝盐渍土综合利用与综合配套技术"（商丘试验区）分别通过了国家技术鉴定。6月4日，中国农业科学院和人民日报社、经济日报社、农民日报社联合召开"科技兴农"专家座谈会，宣传科研协作取得的重要科技成果。6月5—8日，中国农业科学院、中国预防医学科学院和国家自然科学基金会在北京联合召开国际食物、营养与社会经济发展研讨会。6月12—15日，中国农业科学院山区研究室和中国农业经济学会、中国人民大学农村发展研究所在北京联合召开中国山区开发研究学术讨论会。8月14—15日，受农业部委托，甘晓松副院长在北京主持召开国家"七五"重点科技攻关项目"黄淮海平原大面积经济施肥和培肥技术研究"专题验收会和"黄淮海平原主要作物施肥模型和施肥推荐系统""黄淮海平原培肥途径和技术鉴定会"。10月5日，中国农业科学院科研管理部在北京主持召开作物育种和品种资源专家座谈会。11月29日—12月4日，农业部宣传教育司和中国农业科学院教育委员会共同主办的全国农科院继续教育研讨会在成都举行。

1991年1月28—31日，农业部环保司、中国农学会农业气象研究会、中国农业科学院农业气象研究所共同主持的全国农业气象减灾暨气候变化对策学术研讨会在中国农业科学院召开。4月2—6日，中国农业科学院教育委员会和中国作物学会共同主办的第二届全国青年作物遗传育种科技工作者学术研讨会在北京召开。4月9—13日，首届农业计算机应用技术交流会在中国农业科学院召开。6 月 4—8 日，农业部畜牧兽医司和中国农业科学院教育委员会共同主办的首届全国青年畜牧青年科技工作者学术研讨会在中国农业科学院畜牧研究所举行。6 月 13 日，中国农业科学院与《科技日报》在北京联合召开关于科学技术是第一生产力座谈会。10 月 22—26 日，中国农业科学院第三次科技开发工作会议在北京召开。8 月 20—25 日，中国农业科学院在北京召开"90 年代中国农业发展学术讨论会"。

1992 年 2 月 13 日，中国农业科学院党组研究决定，成立中国农业科学院科技开发领导小组。

1993 年 3 月 17—20 日，由中国农业科学院教育委员会、农业部畜牧兽医司和中国畜牧兽医学会联合组织的第三届全国青年畜牧兽医科技工作者学术研讨会在中国农业科学院召开。6 月 1 日，中国农业科学院廊坊科研中试基地正式挂牌。9 月 22 日，农业部直属科研单位1992 年度成果转化工作表彰奖励大会在中国农业科学院召开，蔬菜花卉研究所被评为一等奖；茶叶研究所、甜菜研究所、植物保护研究所、特产研究所被评为三等奖。10 月 26—29 日，第六次全国农业科技情报与文献工作会议在中国农业科学院召开。10 月 26—30 日，由中国农业科学院、中国农学会、河南省农业厅联合举办的"北方旱地农业综合发展与对策研讨会暨北方旱地农业开发经验交流会"在三门峡市召开。

1994 年 1 月 4 日，受农业部委托，中国农业科学院主持在北京召开总理基金项目"黄淮海地区棉花高产综合技术研究与示范"验收、鉴定会。1 月 10 日，中国农业科学院在北京召开南方红黄壤丘陵低产地区综合发展问题座谈会。5 月 10—17 日，中国农业科学院主持的总理基金项目"华北地区节水型农业技术体系研究与示范"3 个示范区通过现场验收。6 月 22—24 日，中国农业科学院在北京召开院属国家、部门重点开放实验室经验交流会。7 月 29 日，农业部刘江部长邀请国家科委、国家计委、国家开发银行、中国农业银行等有关部委和单位领导到中国农业科学院召开座谈会。8月24—28日，中国农业科学院农业自然资源和区划研究所在北京主持召开全国农业区划所（室）长座谈会。10月27日，总理基金项目"华北地区节水型农业技术体系研究与示范专题"在北京通过农业部组织的技术验收鉴定。11月1—4日，中国农业科学院农业气象研究所主持的全国农业气象学术研讨会在重庆召开。11月21—25日，由中国农业科学院教育委员会、中国作物学会和南京农业大学共同主办的第三届全国青年作物遗传育种科技工作者学术研讨会在南京举行。

与此同时，1990年2月，院科研管理部召开全院科研计划工作会议，甘晓松副院长到会并讲话，她说要认真贯彻"经济建设必须依靠科学技术，科学技术必须面向经济建设"的指导方针，从思想上、项目安排上和科学管理上等进行多方面的探索，使中国农业科学院的改革既能符合国家要求、经济发展规律，又能符合农业科学自身特点和本院的实际。

二、重要成果

据科研管理部统计，"八五"期间的科技工作，按照3个层次4个战略重点，即组织重大科技攻关、高技术研究开发与跟踪、基础性研究、宏观发展研究和重大科技成果推广等，取得了一批重要科技成果。1991—1994年全院共取得各类受奖成果313项（均为第一完成单位），其中国家、部门奖励的重大科技成果202项，占全院受奖成果的64.53%。

在农业部颁发的科技进步奖中，中国农业科学院共获奖149项，其中，一等奖13项、二等奖60项、三等奖76项。中国农业科学院部级奖励成果占农业系统的19.6%。

中国农业科学院科技进步奖，4年来共奖励71项，其中，一等奖

20项，二等奖51项。

中国农业科学院研究机构占全国农业系统3%、科技人员约占8%，"八五"前4年取得的部级奖励科技成果，占全国农业系统受奖成果的19.6%，占国家级奖励成果的27.5%，表明了中国农业科学院的科研实力和水平。

1990年10月15—19日，在北京召开科技开发工作座谈会。中国农业科学院坚持"面向、依靠"的方针，选择投资少、见效快、效益大的科技成果和先进适用技术共35项，通过多渠道、多形式推广重大科技成果，取得明显的经济社会效益。

1. 种植业方面

杂交水稻新组合"籼优10号"，年推广面积2 600万亩，单产470~590千克，抗稻瘟病，米质达二级。选育的玉米杂交种"中单2号"，比推广品种增产15%~20%，在17个省（区、市）种植，是全国推广面积最大的杂交种之一。"中棉所12"棉花品种，丰产、优质、多抗，推广面积2 700万亩（15亩＝1公顷，全书同），加上新选育的"中棉所16""中棉所17"等系列品种，覆盖面占全国棉花种植面积的近1/2。"中油821"油菜品种在长江流域推广面积1 600多万亩，约占冬油菜产区种植面积的20%。甜菜新品种"甜研301""甜研302"，推广面积约占全国种植面积的50%。甘蓝系列品种占全国种植面积的85%，番茄新品种"中蔬5号""中蔬6号"比当地主栽品种增产26%，推广面积210万亩。家蚕系列品种覆盖面积超过全国的1/2，为蚕茧和丝绸出口创汇做出了贡献。

2. 畜牧兽医方面

组织推广的三元杂交组合瘦肉猪，187日龄体重达90千克，肉料比为1∶3.4，胴体瘦肉率达57.51%。黄羽肉鸡生产配套技术，快速型56日龄活重达1.5千克以上，肉料比1∶2.4；优质型90日龄活重达1.55千克以上，肉料比1∶3.5，近3年推广商品肉鸡1.85亿只。

高产西门塔尔牛及杂交改良牛群的培育，已选出 20 多头优秀公牛和 360 头平均产奶量达 400 千克的纯种母牛，在全国 25 个省（区、市）饲养西杂母牛 70 多万头。研制出的适合我国的肉猪、奶牛、蛋鸡、肉鸡饲料标准和饲料配方，可提高饲料转化率 30%，为饲料工业的发展提供了科学依据。新研制成功的牛口蹄疫 O 型组织灭活疫苗，保护率 85% 以上，免疫持续期半年，已生产 710 万毫升，共 200 多万头份，为预防该病起了很好的作用。家畜布鲁氏菌病诊断和流行病学调查进展较快，血吸虫病防治取得新的突破，已在生产上推广应用。

第三节　加强农业基础研究和基础性工作

1988—1993 年，中国农业科学院的科学研究，特别是基础研究取得了一批具有世界先进水平的重大科技成果。作为第一完成单位获国家"三大奖"48 项。其中，国家自然科学奖 1 项（四等奖）；国家技术发明奖 10 项（一等奖 1 项，二等奖 6 项，三等 3 项）；国家科学技术进步奖 37 项（一等奖 1 项，二等奖 14 项，三等 22 项）。

中国农业科学院作为第一完成单位获得具有代表性、标志性的重大科技成果[1]，主要如下。

1. 粳型稻种的起源及耐旱性与耐冷性研究

由作物品种资源所主持。通过对云南稻种资源考察和全国野生稻普查考察，证实了俞履圻先生所提出的粳型稻种起源于云南南部边境陆稻地带的观点。并通过对云南稻种的特征特性、生态特点、光温反应及亲缘关系和分类地位等进一步研究，证实了粳型稻种起源于云南

---

① 所列科研成果来自牛盾主编，信乃诠、石燕泉副主编的《1978—2003 年国家奖励农业科技成果汇编》，中国农业出版社，2004 年

南部边境的陆稻地带，在稻种起源研究上具有重要学术价值。该项研究达到国际先进水平。

1993 年获国家自然科学奖四等奖。

2. 抗病高产优质棉花新品种"中棉 12"

"中棉 12"是 1975 年用"乌干达 4 号"为母本、"邢台 6871"为父本杂交，经枯黄萎病圃、病钵中连续定向选择，于 1984 年多系混合育成。通过省级和国家级抗病品种区域试验，先后被河南、山东等七省审（认）定，1989 年经国家审定。这一品种育成被《科技日报》评为 1989 年全国十大科技新闻之一。

"中棉 12"在南北棉区 10 个省 165 个县大面积种植，1986—1990年累计推广 4 600 万亩，增产皮棉 32.2 万吨，增产棉籽 53.8 万吨，增值 16.9 亿元。

1990 年获国家技术发明奖一等奖。

3. 抗病偏高糖型甜菜多倍体品种"甜研 301"

"甜研 301"是以四倍体亲本"甜 408"与二倍体亲本"1103"杂交而成的多倍体品种。1989 年通过国家农作物审定委员会审定，属多倍体抗病偏高糖型品种。

"甜研 301"抗褐斑病、耐根腐病、抗逆性强、产量稳定、含糖率高。1979—1983 年在全国甜菜产区迅速推广，至 1994 年已累计种植 1 200 余万亩。

1988 年获国家技术发明奖二等奖。

4. Sm-1 在诱导三眠蚕生产超细纤度蚕丝研究

1985 年蚕业研究所主持。利用上海第二军医大学提供的人体抗真菌药物，进行蚕的抗菌药物筛选，发现其中编号为 Sm-1 的药物有诱导三眠蚕生产细纤度生丝的生理功能，为国内外首创。应用 Sm-1对 15 对蚕品种进行三眠蚕诱导，诱导率达 100%。制定出整套实用技术。1986 年，在江苏中试成功，具有诱导率高、龄期短、发育快、次代无异常，药物具有一定的抗真菌效果，丝质优异，可缫 13/15D 细纤度至 9/11D 细纤度生丝，品质可达 5A 级。

1988—1990 年在江苏、四川、浙江等蚕区推广应用，三眠蚕丝及其织物在国际丝绸市场受到青睐，增强了我国丝绸在国际市场上的竞争力，是蚕业科学技术上的一大突破。

1988 年获国家技术发明奖二等奖。

5. 布鲁氏菌羊种五号菌苗

布鲁氏菌是人畜共患的一种传染病，世界各地均有流行。哈尔滨兽医研究所利用布鲁氏菌强毒通过鸡体和鸡胚成纤维细胞法培育了布鲁氏菌羊种五号菌苗，方法新颖、独创，是前人所没有的。布鲁氏菌羊种五号菌苗的主要特点：毒力稳定，免疫效果好，免疫剂量小，适用于多途径免疫，该菌苗有株系特异的单克隆抗体，能鉴别该苗免疫动物和自然感染动物，达到世界领先水平。

该菌苗已在新疆、青海、山西、吉林、甘肃和黑龙江等地兽药厂投产，供各地使用 20 年之久，已免疫牛、羊 3.5 亿头（只）以上，效果良好。经测算每年可增产 3 800 万元，经济、社会效益显著。

1992 年获国家技术发明奖二等奖。

6. 高产、优质、多抗杂交水稻新组合"汕优 10 号"

"汕优 10 号"是用籼稻不育系"珍汕 97A"为母本，与含有粳稻亲缘的"密阳 46"为父本。经多次单株成对测交和反复提纯而选育成中籼型杂交晚稻。1990 年通过国家审定，1991 年获国家"七五"科技攻关重大成果奖，其选育技术和各种优良性状达国际先进水平。

该品种突破表现在：综合性状好，增产潜力大；稻米品质优；抗逆性强，适应性广。1988—1993 年在全国累计种植面积已达 329.3 万公顷，总增值为 10.46 亿元。

1993 年获国家科技进步奖一等奖。

尽管如此，中国农业科学院的基础研究仍然是长期存在的薄弱环节。为增强科研工作实力，提高科学研究水平，使科研工作 3 个层次战略布局有一个纵深配置，1991 年 3 月 7—8 日在北京召开了中国农业科学院应用基础研究工作座谈会。王连铮院长、甘晓松副院长到会做了重要讲话。王院长在讲话中指出，多年来，中国农业科学院在应用基础研究方面，有了长足发展。在种质资源、遗传育种、土壤改良、灌溉排水、迁飞害虫、施药技术、家畜繁殖、饲料营养、兽医流行病学、免疫学、细胞工程、基因工程等方面取得了一批具有国内领先和国际先进水平的科研成果，丰富和发展了我国的农业科学。但是，也存在差距与不足，主要表现为：对应用基础研究的地位和作用认识不足。长期以来，缺乏稳定的政策，一定程度地存在着重技术轻科学，重应用轻理论；缺乏一支稳定的应用基础研究队伍，人员少且老化严重，缺乏活力和吸引力；应用基础研究缺乏总体部署，比较零散，与应用研究的比例严重失调。实践证明，应用基础研究必须给以高度重视和切实加强，确保持续稳定发展。它不仅可以为农业发展提供知识基础，而且可以转化为直接生产力，促进农业生产的发展。

在会议纪要中指出，要根据国情、基础和国际农业科学发展趋势，面向 20 世纪末和 21 世纪人口、资源、环境、食物问题，切实加强种质资源、杂种优势利用、病虫害发生规律和防控、现代集约高产高效农业、气候变化对农业影响、对策以及科学前沿，选择优势领域和重点项目，开展超前研究，以取得重大进展与突破，争取在总体水平上逐步缩小与国际先进水平的差距，一些优势领域和项目继续保持领先地位。

为此，王院长要求中国农业科学院的学科所和有优势的专业所应提高基础研究项目的比重，充分利用好国家、部门重点实验室和试验基地，积极争取并承担国家、部门和国家自然科学基金项目（课题）；要坚持标准，大胆培养和选拔优秀人才，尤其是留学回国的青年科技人员，提高业务水平，勇于创新；要逐年增加院长基金的投资强度，择优支持有应用前景的基础研究项目；要坚持对外开放，加强同有关国家和国际研究中心开展合作研究，汲取世界优秀科学家的思想与方法。支持研究人员参加国际学术会议，发表论文与出版专著等。

会议结束时，甘晓松副院长讲话，从项目管理上、人员匹配上提出了具体要求与意见。

1992年7月31日至8月2日，受国家计委的委托，国家自然科学基金委重点实验室办公室组织10名专家、教授对哈尔滨兽医研究所的兽医生物技术国家重点实验室进行评估，结果评为良好实验室。植物保护研究所的植物病虫害生物学国家重点实验室，在1995年3月通过检查评估，结果评为好实验室，并予以奖励。

第四节　继续推进科研体制改革

随着科研体制改革的发展，中国农业科学院深入分析了科技体制改革的现状与问题，1992年9月22—26日，中国农业科学院1992年改革工作会议在北京召开，沈桂芳书记主持会议。王连铮院长在会上指出，中国农业科学院科研体制改革是一场深刻的变革，由传统体制向新型体制的转变需要一个相当长的时间和过程，改革的目标远没实现。科技与生产脱节问题还没有从根本上解决，科技新的运行机制还没有建立，科技人员的积极性还没有充分发挥。所有这些都有待从深层次上加以解决。

王连铮指出，要认真组织科技人员和全体职工学习邓小平视察南方谈话，学习中共中央有关文件精神，以"科学技术是第一生产力"的哲学思想为指导，按照"一个中心，两个基本点"这一基本路线的要求，坚持"依靠、面向"的方针，进一步解放思想，更新观念，加快步伐，加大力度，深化改革，扩大开放，逐步建立起科技与经济紧密结合新型的科研体制，为实现我国经济建设的第二步战略目标服务。

为此，中国农业科学院在 8 月 22 日颁发了《关于深化科研体制改革的若干意见》，王院长又讲了几点具体意见。

（1）继续坚持"面向、依靠"方针，进一步完善面向经济建设主战场、发展高新技术及其产业、加强基础研究 3 个层次的战略部署，各个层次都要努力攀登科学技术高峰，推动生产、经济与社会发展。

"八五"期间，中国农业科学院坚持把 80% 的科技力量投入经济建设主战场，其中应用研究和开发研究占 50%，主要承担国家、部门关系国计民生的重大科技问题；示范、推广和开发性工作占 30%，主要包括新技术、新产品和以市场为导向的经营开发实体。

基础研究和基础性工作占 20%，其中基础性研究提高到 10%；基础性工作，包括种质资源、品种区试、大田药效、土壤肥力监测、化肥网、绿肥网、农业自然资源、环境等占 10%。

（2）院、所两级的机构设置，要本着"宏观管住，微观放开""小机关，大服务"的原则，简政放权，定编、定岗，转变职能，改进作风，建成精干、配套、高效的工作班子。

院部设办公室、科研管理部、人事局、计行部及直属党委和党组纪检组、监察、审计等部门，确定各自的主要任务和职责，制定工作制度，提高工作效率，提高管理服务水平。

研究所（中心、室）的办事机构设置，不强求与院对口，可按各自的具体情况而定。原则上可设办公室、科研管理处、人事处和党委办事机构等。科技开发任务重和农牧场规模大的研究所，可分别单设相应的管理机构。

（3）进一步调整研究所的方向任务，优化学科、专业结构，实行分类管理、分类指导，逐步建成各具特色的国家级的农业科研机构。

以学科为对象的研究所，要深化内部改革，优化学科结构，调整、合并、组建新学科，建立起开放、流动、竞争、协作的运行机制，努力提高科研水平，以适应世界科技发展的需要。

以专业为对象的一些研究所，要与对口企业结合，进入经济、长入经济，逐步形成企业办研究所或研究所办企业，以国内外市场为导向，引导经济发展。

宏观研究和文献信息、出版等单位，要按照各自的特点与优势，全面落实其研究、开发、经营、服务等各项自主权，积极开拓第三产业，重点是发展咨询业、信息业和各类技术服务业。

各类研究所要在调查研究基础上，提出调整方案，经过充分论证，分步实施，逐步建立学科比较齐全、布局比较合理的国家级农业科研体系。

（4）落实"加强一头，放开一片"的方针，保住一头，调整一批，放开一片，不断推进改革与发展。

要稳定和加强基础性研究、高科技研究和关系国计民生重大科技项目攻关这一头，这是科技、生产持续发展的需要，也是增强后劲、增强科研实力的需要。采取切实措施：从资金、试验研究条件等方面予以保证；福利、待遇和奖金达到平均水平；按有关规定评聘技术职务，符合条件的享受政府津贴；课题要定编、定员，保持精干的研究力量从事研究工作。

要严格把好开题关。对那些低水平重复的课题，没有应用前景的课题，年复一年不见成果的课题以及力量不足、很难完成计划的课题，要实行关、停、并、转，调整一批。其方法是：组织专家评议，定性与定量结合，经济杠杆与行政手段结合；先亮"黄牌"，第二年调整。

对其他科研项目，要大胆放开搞活，引导和鼓励从事这些科研项目的科技人员勇敢地面向经济建设主战场、面向国内外市场，通过技术咨询、转让、承包、服务，创办经营实体，走科技成果商品化、产业化、国际化的道路，其主要措施：已承担的研究课题要继续兼顾完成，同时投入开发，兴办经营实体；没有研究课题的分流人员，可全力投身开发，兴办经济实体；实行优惠政策，福利、待遇和奖金从优；具备条件的要评聘相应技术职务；对做出突出贡献的可享受政府津贴，与科研人员一视同仁。

总之，通过切实的努力，保住一头，调整一批，放开一片，使科研得到加强，不断攀登科技高峰，使科技成果向现实生产力转化，以适应社会主义市场经济的新机制和新体制。

（5）切实抓好重中之重科研项目，多出成果，快出人才，提高科研工作的整体水平。

"八五"期间，全院的重中之重科研项目是：作物畜禽种质资源和遗传育种，区域农业综合治理，作物畜禽病虫（疫病）防治，畜禽营养与饲料，农业生物技术，农畜产品贮藏保鲜和加工利用，农业宏观研究。院职能部门和有关研究所要全力以赴，切实抓好这些重中之重项目，定期检查，在人、财、物等方面给以重点支持，力争取得重大进展与突破。各研究所都要抓一两项或两三项重中之重科研项目，力争获得一两项国家级奖励成果。

（6）适应农村商品经济和国内外市场的需要，向产前、产后延伸，全方位、多层次地搞好科技开发和第三产业工作。

"八五"期间，全院推出重大科技成果推广项目 10 项。各研究所要选准一两项重点科技开发项目，切实组织力量，采取多形式、多渠道加快科技成果的推广，并使成果转化率从 65% 提高到 75% 左右。

全院要集中技术、人才的综合优势，在饲料添加剂和保健食品等方面，创办几个高新技术企业，实现科技成果商品化、产业化、国际化。

（7）大力加强与地方的科技合作，互惠互利，共同推动农业生产发展和农村经济的繁荣。

中国农业科学院有 27 个研究所面向全国四大片中低产地区设有综合科学实验基地 6 个，面向 14 个省、自治区、直辖市设有农村试验基点、联系点 120 多个，这是科技与生产、经济结合的一种好形式，也是促进农业生产发展，繁荣农村经济的重要途径。

中国农业科学院与河北省人民政府签订科技合作协议，将根据河北省农业发展需要，推广科技成果和先进的适用技术；通力协作，联合攻关，研究解决生产中重大科技问题；联合兴办科技开发经营实体；积极培训各类专业研究人员等。继续发展同山东、河南、山西、湖南、黑龙江等省的科技合作，把攻关与开发结合起来，加快科技成果向实现生产力转化，为振兴地方经济做出新的贡献。

会上，沈书记在讲话中，强调要把贯彻《中共中央关于科研体制改革的决定》精神与中国农业科学院的科研实际相结合，认真实施中国农业科学院深化科研体制改革的若干意见，逐步把科研体制改革引向深入。

第五节 科研机构能力综合评估

为掌握全国农业科技资源状况，科学分析农业科研机构的创新能力和水平，合理配置农业科技资源，加快农业科技体系建设，农业部分别在"七五""八五"期间，对全国农业科研机构取得成绩进行检验，对不同农业科研机构科研实力进行比较研究，这是加快农业科技发展的需要，也是加强农业科研管理的重要举措。

1991 年年初，农业部首次开展全国农业系统地市以上 1 138 个具有独立法人科研与开发机构的科研能力综合评估工作，做了统一部署，明确了评估方法和指标体系及填表上报工作要求。8 月中旬，农业部在湖北宜昌市召开全国农业系统科研机构科研开发能力综合评估大会，颁布了科研能力综合评估结果①，选出前 70 名作为"七五"全国农业科研能力综合实力较强的研究所，其中部属科研院所有 21 名，中国农业科学院占 15 名，即植物保护研究所、蔬菜花卉研究所、土壤肥料研究所、农业经济研究所、畜牧研究所、作物育种栽培研究所、油料作物研究所、农田灌溉研究所、中国水稻研究所、特产研究所、草原研究所、兰州畜牧研究所、农业气象研究所、兰州兽医研究所、棉花研究所。

1992 年，在"七五"科研能力综合评估的基础上，继续采用已有方法，对全国农业系统 1 220 地市级以上具有独立法人的农业科研机构科研开发能力进行综合评估②，选出前 100 名为"八五"全国农业科研开发综合实力百强研究所，并按基础研究和技术开发类各项指标分别选出"八五"全国农业基础研究十强研究所和"八五"全国农业技术开发十强研究所。

1996 年 11 月 11—13 日，农业部在全国农业科技管理工作会议上，宣布了评估结果：在"八五"全国农业科研开发综合实力百强研究所中，部属研究所 23 名，其中，中国农业科学院有 17 名，即植物保护研究所、棉花研究所、中国水稻研究所、作物品种资源研究所、畜牧研究所、蔬菜花卉研究所、兰州兽医研究所、农业气象研究所、生物技术研究中心、生物防治研究所、茶叶研究所、作物育种栽培研究所、土壤肥料研究所、哈尔滨兽医研究所、饲料研究所、蚕业研究所、油料作物研究所。基本反映出百强研究所的综合研究实力。

---

① 《关于发布全国农业科研机构科研能力综合评估结果的通知》，农业部文件，1992 年 9 月

② 《关于发布第二次全国农业科研机构科研开发能力综合评估结果的通知》，农业部文件，1996 年 10 月

在全国农业基础研究十强研究所名单中，部属研究所 8 名，其中中国农业科学院 6 名，即植物保护研究所、中国水稻研究所、生物技术研究中心、棉花研究所、畜牧研究所、作物品种资源研究所。基本反映出十强研究所农业基础研究水平和自主创新能力。

综合评估结果，中国农业科学院植物保护研究所名列榜首，总分 136.79。

1997 年 3 月 7 日，院科技管理局召开的科研计划会议上，对"七五""八五"综合评估结果分析认为，全国农业科研机构科研开发能力的综合评估是初步的，但是具有一定的客观性、宏观性、创新性，内容丰富，资料翔实，可信性较强，对深化农业科技体制改革、建立国家农业科技体系具有重要的指导意义。

同时认为，在"七五""八五"期间，列入前 70 名和前 100 名的研究所，分别占当时全国农业科研机构的 6.15% 和 9.10%，是一批基础较好、队伍较强、成果较多、贡献较大的单位。"八五"期间，列入全国农业基础研究的十强研究所，主要集中在部属科研单位，基础好，实力强，创新成果多，在科研工作上做出了突出成绩。同时，也要指出，中国农业科学院的研究所是国家级科研机构，在"七五"和"八五"综合评估中，分别有 17 个和 13 个研究所没有进入前 70 名和前 100 名行列，这是值得重视的。

第六节　建立院、所两级科研管理体制

中国农业科学院是全国性综合性的科研机构。自 1987 年以来，面临改革开放的新形势，研究任务性质异常复杂，跨部门、多学科协作形式多样，一些研究所实行面向国内外开放，各种技术推广和技术开发公司林立。如何改革科研管理体制以适应新形势、新要求，是

院、所两级领导亟待解决的问题。1985 年前后开始探索改革新途径，经过几年的努力，初步建立了院、所两级的科研管理体制，极大地提高了工作效率。

1990 年 6 月 19—21 日，中国农业科学院在北京召开科研管理改革工作会议，甘晓松副院长主持，沈桂芳书记讲话。她说，经过几年的探索，中国农业科学院将所属研究所划分为三类研究所，即学科所、专业所和综合所。中国农业科学院在计划管理、成果、经费、物资支配以及技术职务评审上，简政放权，要扩大研究所自主权。实行所长负责制后，所长集业务行政大权于一身，改变了过去在工作上互相扯皮的局面，大大提高了工作效率，使各项科研工作得到了保证。

一、科研计划管理

按照国家计委、国家科委、财政部关于《"八五"国家重点科技项目（攻关）计划管理办法》和国家自然科学基金委员会关于《国家自然科学基金"八五"重大项目立项、评审、管理暂行办法》有关规定，结合中国农业科学院实际，对属于国家、部门重点项目和国家自然科学基金重点项目，以院科研管理部管理为主，其他项目和课题由研究所管理；属于跨所、综合性项目，院科研管理部组织，有关所配合，联合申请立项，一个研究所的项目（课题、专题），由研究所组织，院协助申报。

二、科技成果管理

依据《中华人民共和国科学进步奖励条例》等有关规定，结合中国农业科学院实际，属于国家、部门重点项目和跨部门、多学科综合性协作科技成果，从申报、评价、验收、鉴定，均由院科研管理部负责，有关研究所配合。例如，由中国农业科学院主持牵头 1981 年获得国家技术发明奖特等奖的"籼型杂交水稻"、1983 年获得国家技术发明奖一等奖的"马传染性贫血病驴白细胞弱毒疫苗"、1993 年获得国家自然科学奖三等奖的"中国小麦光温特性的研究"、1993 年获得国家科学技术进步奖二等奖的"我国中长期食物发展战略总体研究"等，都是由中国农业科学院主持，按照贡献大小、合理分配的原则，公平、公正、公开，经过多方协商或协调，组织申报获得的。其他一般性的科技成果从申报、检查、评价到验收、鉴定，均由研究所组织完成。

三、三项经费、专项经费管理

严格按照财政部、科技部、农业部和国家自然科学基金委员会等部门的有关规定，"专款专用，不得挪用"。对于国家、部门重点项目和跨部门、多学科综合性协作项目经费，按其承担任务等情况，按照主管部门划定的额度，及时拨给协作单位，绝不允许克扣、截留或推迟下拨。对三项经费、专项经费使用情况，也按照有关规定，严格管理。在检查项目执行情况时，改变过去只管科研工作，不管经费的做法。今后在检查项目执行情况时，也要检查经费使用和管理情况，并及时上报主管部门。

最后，沈桂芳书记强调，要进一步完善院、所两级科研管理体制。院管什么，研究所管什么，要把两者关系理顺，不断完善与发展，逐步形成具有中国农业科学院特色的两级科研管理体制。

会议结束时，甘晓松副院长做了讲话，对院所两级科研管理体制给予充分肯定，并要求各研究所认真执行。

第七节　对外科技交流新进展

为适应对外开放的需要，1993 年 7 月 27 日，中国农业科学院党组研究决定，在院科研管理部外事处、国际交流处的基础上，成立中国农业科学院国际合作办公室。

此间，对外科技合作与交流工作有了新的进展。

一、出 访

1989年10月19—30日，王连铮院长率团赴苏联全苏农业科学院访问。

1990年4月23日至5月14日，以中国农业科学院党组书记、第一副院长沈桂芳为团长的中国农业科学院代表团，先后访问法国和意大利。与法国农业科学研究院签署了中法两国《1990—1991年农业科技合作计划》，与意大利国家农业研究委员会签署了中意双方《1989—1991年农业科技合作的补充计划》。

1992年5月1—12日，以王连铮院长为团长的中国农业科学院代表团访问意大利国家研究委员会。

1993年1月上旬，受中国科协委托，沈桂芳党组书记参加印度科协第86届科学大会。会上，她代表中国科协对大会致以热烈祝贺，并做了题为《加强生命科学研究，不断提高人民生活水平》的书面发言。

1994年2月7—9日，应国际水稻研究所邀请，中国农业科学院党组书记沈桂芳教授赴菲律宾参加亚洲水稻生物技术协作网指导委员会第一次会议。7月7—17日，以王连铮院长为团长的祖国大陆蔬菜科技考察团，应邀赴我国台湾参加海峡两岸蔬菜耐热与抗病栽培育种研讨会等。7月16—29日，应以色列农业研究组织邀请，以梁克用为团长的中国农业科学院考察团一行5人，访问以色列动物科学研究所、水土保持研究所和大田与园田作物研究所及其下属试验站等。

二、来　访

1988年6月3—17日，应中国农业科学院邀请，以民主德国农业科学院第一副院长吕布卡教授为团长的代表团来华访问。9月4—9日，国际植物资源委员会主任威廉斯教授率领代表团访问中国农业科学院。

1989年2月28日，以波兰部长会议科技进步委员会第一副主席兼科学技术和应用署部长格拉鲍夫斯基为团长的波兰科学技术代表团一行访问中国农业科学院。5月19—23日，国际水稻研究所所长Lampe博士访问中国农业科学院。8月18—30日，国际水稻研究所所长Lampe博士再次访问中国农业科学院，继续就杂交水稻合作事宜交换意见。10月10—16日，法国农业科学研究院代表团访问中国农业科学院。

1990年9月24—25日，国际水稻研究所杂交水稻代表团到中国农业科学院进行访问。

1994年4月7—11日，韩国农村振兴厅厅长金光熙一行到中国农业科学院访问。6月26日至7月3日，应中国农业科学院邀请，以詹姆斯·瑞安所长为团长的国际半干旱热带作物研究所代表团访问中国农业科学院。7月21日，联合国粮农组织总干事雅克·迪乌夫一行对中国农业科学院进行访问。8月8—15日，诺贝尔奖获得者、著名小麦育种专家诺尔曼·博劳格及其助手维丽加斯女士到中国农业科学院访问。8月18日，世界银行顾问托马斯·贝尔博士专程到中国农业科学院棉花研究所访问。8月25日，以柬埔寨农林渔业部大臣贡桑奥先生为首的柬埔寨农业代表团到中国农业科学院进行访问。8月29日，王连铮院长会见以南非农业研究委员会主席特布兰切先生为团长的南非农业代表团。

三、科技合作

1988 年 11 月 10 日，中国农业科学院与美国农业研究局签署了一项关于生物防治合作研究协议书。

1989 年 9 月 22 日，中国农业科学院和古巴农业部兽医局在北京签署在古巴合作生产马传染性贫血病疫苗的意向书。10 月 10—13 日，首次亚洲银行资助的"加强农业情报服务"项目参加单位负责人会议在中国农业科学院召开。由中国农业科学院科技文献中心申请的亚洲银行项目已开始执行，亚洲银行对该项目资助 60 万美元。

1993 年 4 月 27 日，中国农业科学院中固生物新技术开发公司和新加坡泛太国际投资开发股份有限公司合作成立北京泛太科技开发有限公司和兴建高科技大厦协议在人民大会堂正式签署。11 月 12—13 日，中国农业科学院接待泰国正大集团创始人、终身名誉董事长谢正民、谢大民先生一行。12 日，在人民大会堂举行了授予谢正民、谢大民先生为中国农业科学院名誉研究教授仪式，李岚清副总理、刘江部长会见了谢正民、谢大民先生。

1994 年 3 月 2 日，墨西哥全国粮食协会主席何塞·恩里克·加马博士将 1993 年度墨西哥国际粮食奖授予中国农业科学院。8 月 31 日，中国农业科学院哈尔滨兽医研究所徐宜为所长与古巴拉比奥番公司总经理何塞·何·夫拉斯·卡斯特罗博士，在北京签署《马传染性贫血病驴白细胞弱毒疫苗生产与经销合同》。

1990 年 5 月 14—18 日，中国农业科学院生物技术研究中心主任、研究员范云六在第二届国际水稻遗传学术会议上，当选为遗传工程委员会委员。1994 年 2 月 21 日，王连铮院长被聘为国际农业与生物科学中心理事。

四、科技交流

1988年11月7—11日，由中国农业科学院主持的国际平衡施肥学术讨论会在北京召开。

1989年6月23日，由我国（不含澳门）家禽界的知名人士和学者联合发起的第二届优质肉鸡的改良、生产及发展研讨会在中国农业科学院举行。10月10—13日，国际畜牧兽医生物技术研讨会在中国农业科学院召开。

1990年3月13—16日，中国农业科学院科技文献信息中心组织、加拿大国际发展研究中心资助的农业情报管理新水平国际研讨会在北京召开。

1993年9月15—16日，受国家科委农村科技司委托，中国农业科学院科研管理部组织的国际植物新品种保护联盟地区研讨会在北京召开。11月10日，第五届国际科学与和平周首届农业科技节在中国农业科学院隆重举行。

1994年7月4—5日，中国农业科学院与国际半干旱热带作物研究所共同举办的第三届国际花生青枯病会议在中国农业科学院油料作物研究所召开。

第七章 深化改革、创新与持续发展
（1995—2001 年）

在党中央、国务院领导的亲切关怀下，在有关部委的大力支持下，中国农业科学院的改革与发展取得了新进展、新成果。

1992 年 8 月，国家科委、国家体改委发布《关于分流人才、调整结构、进一步深化科技体制改革的若干意见》，中国农业科学院结合自身实际，提出深化科研体制改革的若干意见：完善 3 个层次的部署，坚持把主要力量投入经济建设主战场；稳定和加强基础性研究、高科技研究和关系国计民生重大科技项目攻关；科技工作向产前、产后延伸，全方位、多层次地搞好科技开发和第三产业；加强与地方的科技合作，互惠互利，共同推动农业发展和农村经济的繁荣。

调整科技工作的战略布局，"九五"以后，科技开发从有偿服务向实体创收转变，1998 年，国有独资企业的比例下降到 62%，有限责任公司占 38%，科技企业组织形式的构成发生很大变化，具有优势的种业、兽用生物制品及兽药、农产品加工等产业雏形已经形成，商品化、规模化、产业化初见成效。

落实中央领导同志指示精神和有关部委的人才建设计划，中国农业科学院提出"九五"期间实施"三百一千"人才培养工程，并制定了培养、选拔意见和办法等文件，1998 年从海内外选拔了首批跨世纪学科带头人。加强研究生院建设，前期毕业后留院的一些博士，在科研工作中做出了突出成绩。

对外科技合作与交流渠道增多，规模不断扩大，又有新的快速发展。中国农业科学院同欧美等发达国家和亚非发展中国家互访，签署了双边协议或备忘录。与相关国际机构和国际农业研究磋商组织及其下属的 12 个研究所（中心）等签署合作协议并开展学术交流等，扩大了在国际农业科技界的影响力。

利用世界银行贷款项目"农业教育与科研项目"加快棉花研究所、文献中心、畜牧研究所、哈尔滨兽医研究所、草原研究所和作物育种栽培研究所基础设施建设，培训科技人员 220 多名，请进专家 130 多名，派出科学考察、参加国际会议 300 多人次。还新建中国水稻研究所、哈尔滨兽医研究所 SPF 动物实验室等，并购置了大量仪器设备，取得了比较丰硕的成果。

1997 年 6 月 26 日，我国著名农业科学家、教育家、九三学社名誉主席、中国科协原副主席、中国农业科学院名誉院长、中国科学院院士金善宝同志逝世，享年 102 岁。

1997 年 9 月，中国农业科学院党组书记、院长吕飞杰同志当选为中共第十五届中央候补委员。

第一节　深化科技体制机制改革

在党中央、国务院领导的亲切关怀下，在有关部委的大力支持下，中国农业科学院的改革与发展取得了新进展。

1994 年 10 月 25 日，中央组织部任命吕飞杰为中国农业科学院党组书记。11 月 12 日，国务院决定，任命吕飞杰同志为中国农业科学院院长。之后，农业部党组研究决定，朱秀岩、高历生为党组副书记，朱德蔚、王韧、章力建为党组成员。

1995 年 1 月 2 日，农业部吴亦侠副部长及计划司、科技司、财务司、人事司的领导到中国农业科学院现场办公，听取意见，予以支持。5 月 22 日，农业部在中国农业科学院召开部党组会议，研究中国农业科学院工作，推动科研体制改革。6 月 6 日，中国农业科学院党组研究决定，组建中国农业科学院后勤服务中心。11 月 21 日，经农业部批准，中国农业科学院机关调整后机构设置为 8 个职能部门，分别是：院办公室、科技管理局、人事局、国际合作与产业发展局、计划财务局、监察局、审计局、直属机关党委。

1996 年 11 月 1 日，中国农业科学院党组研究决定，在中兽医研究所的基础上组建兰州动物与兽药研究中心（后改组为兰州畜牧与兽药研究所）。12 月 11 日，中国农业科学院党组研究决定，计算中心整建制并入科技文献中心。

1997 年 4 月 8 日，农业部党组决定，将农业部南京农业机械化研究所、农业部沼气科学研究所、农业部环境保护科研监测所 3 个部直属研究所划归中国农业科学院。8 月 29 日，中国农业科学院党组研究决定，山区研究室整建制并入农业自然资源和农业区划研究所，开始启动了机构的体制机制改革。9 月 10 日，农业部根据中央编制委员会办公室《关于中国农业科学院中兽医研究所与兰州畜牧研究所合并成立中国农业科学院兰州畜牧与兽药研究所的批复》精神，同意中国农业科学院中兽医研究所与兰州畜牧研究所合并成立中国农业科学院兰州畜牧与兽药研究所。

1998 年 4 月 13 日，农业部批复，依托中国水稻研究所组建国家水稻改良中心，依托作物育种栽培研究所组建国家小麦改良中心。8 月，农业部批复，依托蔬菜花卉研究所组建国家蔬菜花卉改良中心，依托棉花研究所组建国家棉花改良中心，依托甜菜研究所组建国家甜菜改良中心。

1999 年，国家经济委员会批准，依托土壤肥料研究所于 1987 年组建的"国家土壤肥力与肥料效益监测站网"，被国家科技部列为国家级野外台站。10 月 25 日，根据中央编委通知，中国农业科学院生物技术研究中心更名为中国农业科学院生物技术研究所。12 月 24 日，同意将农业遗产研究室划转南京农业大学管理。

在"八五"改革的基础上，深入贯彻国家科委、国家体改委发布的《关于分流人员、调整结构、进一步深化科技体制改革的若干意见》和农业部《关于进一步加强"科技兴农"工作的决定》精神，要求农业科研机构贯彻"稳住一头，放开一片"的方针。结合中国农业科学院实际，党组认真研究后，提出深化科研体制改革的若干意见：科研工作要继续坚持"面向、依靠"方针，进一步完善面向经济建设主战场、发展高新技术及其产业、加强基础研究这 3 个层次的部署，坚持把主要力量投入经济建设主战场；落实"加强一头，放开一片"的方针，稳定和加强基础性研究、高科技研究和关系国计民生重大科技项目攻关这一头；适应农村商品经济和国内外市场的需要，向产前、产后延伸，全方位、多层次地搞好科技开发和第三产业工作；加强与地方的科技合作，互惠互利，共同推动农业生产发展和农村经济的繁荣；坚持全方位、多层次、大跨度对外开放，建立科技合作与交流的新格局。在搞好科研、开发和其他各项业务工作的同时，深化院职能机构的改革。

随着科技体制改革的持续发展，1995 年 5 月，中共中央、国务院颁布了《关于加速科学技术进步的决定》，要求全面落实科学技术是第一生产力的思想，大力推进农业和农村科技进步，按照"稳住一头，放开一片"的方针，优化科技系统结构，分流人才，建设高水平的科技队伍。7 月 18—22 日，中国农业科学院深化改革经验交流现场会暨年中工作会议在兰州召开。会议议题是总结交流改革经验，深化科技体制改革，迎接新的农业科技革命。吕飞杰院长在会上做了题为

《坚定不移深化改革，迎接新的农业科技革命》的讲话，提出：贯彻中共中央、国务院做出的《关于加速科学技术进步的决定》精神，结合中国农业科学院实际，把握好深化改革的 6 个原则；确立改革目标与思路；进一步把改革引向纵深。8 月 8—10 日，中国农业科学院在北京召开全国农业科技工作会议，研究深化科技体制改革等问题，并与各省、自治区、直辖市农业科学院院长举行联谊会。9 月，科技部部长徐冠华为此调研，专程到中国农业科学院卢良恕院士家中征求意见。卢良恕院士介绍了农业科研机构改革情况及面临的问题，依然强调农业科研的特殊性，提出深化改革的建议。随后，卢良恕、刘志澄、信乃诠联名撰写题为《面向 21 世纪，加快农业科技创新体系建设》文章，在中国工程院研究室编的《工程院院士建议》第 4 期（1999 年 7 月 1 日）刊出，温家宝副总理批转科技部、农业部研处。

1995 年 1 月 4 日，中共中央政治局委员、书记处书记姜春云到中国农业科学院举行专家座谈会，听取再增 1 千亿斤（1 斤 = 0.5 千克）粮食的意见和建议。7 月，吕飞杰院长代表中国农业科学院，向国家科委汇报工作。12 月 25 日，向农业部吴亦侠副部长汇报科研工作。

1996 年 1 月，中共中央召开全国农村工作会议，提出了"九五"农业与农村工作需要解决的若干重大问题，要求实施"科教兴农"战略，大幅度增加农业科技含量，使科技进步对农业增长的贡献率由目前的 35% 提高到 50% 左右，力争粮棉油等主要农产品单位面积产量提高一成。之后，中国农业科学院推出一系列深化科技体制机制改革的措施。在国家计委、国家科委、农业部大力支持下，建立了一批国家、部门重点实验室、国家工程技术（研究）中心、国家农作物改良中心（分中心）等。3 月，吕飞杰院长代表中国农业科学院，分别向国家科委朱丽兰主任和国家自然科学基金委员会汇报工作。

1997 年 1 月，吕飞杰院长代表中国农业科学院，再次向国家科委汇报工作。

1999 年，中共中央、国务院颁布《关于加强技术创新，发展高科技，实现产业化的决定》，要求通过分类改革，加强国家创新体系建设，推动一批有面向市场能力的科研机构向企业化转制，从根本上形成有利于科技成果转化的体制和机制。

2000 年 5 月，国务院办公厅转发了科技部等 12 个部门《关于深化科研机构管理体制改革实施意见》（国办发〔2000〕38 号），明确指出，社会公益类科研机构分别按照不同情况实行改革。2000 年 12 月，国务院办公厅转发了科技部等部门《关于非营利性科研机构管理的若干意见（试行）》（国办发〔2000〕78 号），指导非营利性科研机构的改革。2000 年 10 月，中国农业科学院按照上述文件精神，提出分类改革方案，即全院 39 个单位，其中拟转为非营利科研机构 20 个，转为农业事业单位 4 个，转为科技型企业 11 个，进入大学 4 个，并上报科技部、农业部。为此，时任中国工程院副院长卢良恕院士会同刘志澄、信乃诠及时研究了有关精神，并听取有关方面意见，在《求是》2000 年第 8 期发表《建设农业科技创新体系　加快农业现代化进程》，提出建立农业科技创新体制的意见和建议。

第二节　科研重大进展与突破

国务院及有关部门、省（区、市）的领导先后到中国农业科学院视察，指导工作。

1995 年 2 月 13 日，全国人大常委会委员、环境与资源保护委员会副主任杨纪珂到中国农业科学院畜牧研究所视察。6 月 4 日，中央政治局常委、全国人大常委会委员长乔石，视察中国水稻研究所。10 月 28 日，国务委员陈俊生到水牛研究所视察。

1996 年 1 月 31 日，中央财经领导小组办公室副主任段应碧在农业经济研究所召开座谈会，与专家座谈农业三元结构问题。

1996 年 1 月 5 日，安徽省委书记卢荣景、安徽省省长回良玉一行组成的农业汇报团，到中国农业科学院介绍该省农业发展情况，商谈"科技兴皖"事宜。3 月 17 日，山西省省长孙文盛、山西省农业科学院院长李振吾等同志到中国农业科学院访问。4 月 15—16 日，贵州省省长陈士能一行到中国农业科学院参观访问，表现出强烈的合作意愿。

1997 年 3 月 27 日，中共中央政治局候补委员、中央书记处书记温家宝视察农业气象研究所主持的山西寿阳旱地农业试验区等。

1997 年 12 月 29 日，中共中央总书记江泽民亲切接见中国农业科学院党组书记、院长吕飞杰。

1998 年 6 月 17 日，农业部部长陈耀邦、副部长路明到中国农业科学院考察指导工作。11 月 18 日，中共中央政治局常委、国务院副总理李岚清到中国农业科学院考察农业节水灌溉问题。

2001 年 1 月 11 日，中共中央政治局常委、国务院总理朱镕基在农业部部长陈耀邦、中国农业科学院院长吕飞杰的陪同下，到生物技术研究所考察转基因抗虫棉，并看望农业科技工作者。

此间，中国农业科学院向农业部、科技部、国家计委等呈交《关于"九五"国家、部门重点科技计划选题建议的报告》。在背景分析的基础上，提出我国农业科技工作战略布局和基本思路：六大目标和 10 个优先发展重大项目，受到高度重视，并作为"九五"选题的重要依据。1994 年 1 月 6 日，国务院研究室农村经济组约请信乃诠同志对我国农业科技状况做具体分析，并以《国务院研究室送阅件》1~4 号，共 4 期刊出，国务委员宋健批转科技部部长朱丽兰同志参阅。

中国农业科学院"九五"科技攻关开创了新局面。1999 年 1 月 25 日，中国农业科学院工作会议在北京召开。吕飞杰院长在工作报告中指出："九五"期间，要调整科技工作方向与任务，同时，要紧紧围绕经济建设主战场开展创新，研究领域进一步拓宽，从注重产量的提高，向产量、品质并重的方向转变；从注重产中研究，向产前、产后研究转变；从注重传统常规技术，向常规技术与高技术结合方向转变；从注重微观研究，向微观、宏观研究并重转变。要面向 21 世纪的农业，特别是新技术革命的挑战，加强资源与环境、生物技术、信息技术、航天育种技术和农业可持续发展技术的研究；根据我国农业发展的新形势、新特点，重点围绕农业和农村经济发展中的"热点""难点"问题进行研究，为我国农业的可持续发展和科技进步提供技术支撑。

据统计资料显示："九五"期间全院共承担各类计划子专题 2 193 个，比"八五"增加 65%。其中：国家攻关计划子专题 416 个，"863"计划子专题 62 个，"973"计划子专题 9 个，攀登计划子专题 23 个，国家自然科学基金课题 317 个，跨越计划项目 10 个，转基因专项 21 个，其他部委重点和专项 325 个。承担国家各部委各类计划子专题共 1 183 个，占全院课题总数的 54%。建设了 6 个国家农作物改良中心、12 个农业部重点实验室、12 个部级质检中心。随着科研任务增加，三项费用、专项费用也大幅度增加，"九五"期间全院共获得各类科研经费 5.69 亿元，是"八五"期间的 2.7 倍。5 年来，全院共取得各类科技成果 871 项，其中获国家级奖励成果 56 项，获省部级奖励成果 243 项，中国农业科学院以只占全国 7%的农业科技人员获得 26%的农业方面国家级奖励成果；取得专利 107 项，发表论文 1.3 万余篇，出版专著 600 余部。

其间，中国农业科学院作为第一完成单位，获得了一批具有世界先进水平的科技成果。据统计，国家"三大奖"共 72 项，其中国家自然科学奖 2 项，国家技术发明奖 9 项，国家科学技术进步奖 61 项。

具有代表性、标志性的重大科技成果①，主要如下。

1. 基础研究和应用基础研究方面

中国小麦光温特性的研究

由金善宝主持。从作物体和环境及生态条件的关系上，全面考察参试代表品种的生长发育特征和特性，综合而系统地研究小麦生态学的诸多理论问题，取得了重要进展。历时 12 年，获取了 208 万个基础数据，出版专著 4 部，发表论文 130 多篇。

1995 年获国家自然科学奖三等奖。

稻飞虱鸣声信息行为及其机制研究

由水稻所主持。是昆虫行为学研究的新领域。研究发现稻飞虱求偶鸣声的 3 种作用及趋性；用数字信号处理的方法分析种或种以下单元鸣声的时域、频域特征，进行模式分类；建立以摩擦发声器为中心的卷积同态系统模型；发现和描述了稻飞虱具有特殊力学结构的自触感觉毛，明确鸣声信号接收器官与接收机理。取得多项重要发现和突破性进展，达到国际领先水平。

1995 年获国家自然科学奖四等奖。

太谷核不育小麦的发现、鉴定与初步利用研究

太谷核不育是高忠丽首次发现的小麦显性不育天然突变体，作物育种栽培研究所等经遗传学、细胞遗传学、生物化学、形态解剖学研究鉴定出它的不育性是受显性雄性不育单基因所控制，定位于 4DS 上，与着丝粒的遗传距离为 31.16 个交换单位，命名这株小麦为"太谷核不育小麦"，其不育基因的符号为"Tal"，国际编号为 ms2。此基因在各种条件下不育性十分稳定，可用于多途径育种，并首次成功地用于自花授粉小麦的轮回选择育种，培育出遗传基础广、适应性强

---

① 所列科研成果来自牛盾主编、信乃诠石燕泉副主编的《1978—2003 年国家奖励农业科技成果汇编》，中国农业出版社，2004 年

的品种。利用 Tal 基因培育出品种 25 个和材料 100 多份，累计栽培面积 3 634.57 万亩，收益 44.8 亿元。出版论文集 3 本，其中一本英文版在荷兰出版。

1998 年获国家技术发明奖二等奖。

我国抗稻白叶枯病粳稻近等基因系的培育及应用研究

水稻白叶枯病是一个重要的世界性病害。作物育种栽培研究所自 1986 年选择了对中国水稻生产具重要意义的 6 个抗白叶枯病目标基因 $Xa-2$、$Xa-3$、$Xa-4$、$Xa-7$、$Xa-12$ 和 $Xa-14$，其抗病供体分别为"特特普""早生爱国 3 号""IR20""DV85""Java14"和"TN1"。轮回亲本选用对 72 个包括一套国际鉴别小种和中国主要稻区的代表菌系均高度感病和粳型品种"沈农 1033"。

这套材料已先后提供给 41 所大专院校、科研单位和国际水稻研究所水稻种质基因库及韩国、朝鲜等，成为国家重大项目等基础研究中的重要材料，这套粳稻近等基因系是宝贵的遗传工具和抗原。

2000 年获国家技术发明奖二等奖。

2. 应用研究方面

"中棉所 16"

棉花研究所选育。我国麦棉两熟发展迅速，迫切需要与之相适应的短季棉新品种。选用早熟、适应性广的"中棉所 10 号"作为母本，抗病性好、长势旺的"辽 4086"为父本杂交选育而成。四代对品质、抗病性进行筛选，高世代对优系进行生理生化特性测定和遗传分析。并在不同生态区进行适应性鉴定，有效地将早熟、高产、抗病、优质结合在一起。主要特点：早熟、丰产、抗病，达到国际领先水平。

1992—1994 年累计推广 247.5 万公顷，3 年创造经济效益 25.10 亿元，经济、社会效益显著。

1995 年获国家科学技术进步奖一等奖。

"中棉所 19"

"中棉所 19"是利用陆海种间杂种，采用多亲本多次复合杂交育成。具有高产、稳产、早熟、优质、多抗、广泛适应性等特点，综合性状优异。1992 年和 1993 年分别通过陕、豫两省和国家审定。"中棉所 19"兼抗枯黄萎病，耐苗期根腐病，中度抗棉铃虫，高抗红铃虫，Ⅱ级抗蚜，是多抗型品种。茎秆硬，抗倒伏，烂铃少，吐絮畅，综合性状达国内外先进水平。适于黄淮棉区种植，也适于长江中下游及南疆棉区种植，适应性广，生育期 128 天左右，春棉和麦棉套种均可获高产。1997 年种植面积达 71.37 万公顷。

1998 年获国家科学技术进步奖一等奖。

3. 宏观研究方面

我国中长期食物发展战略研究

在分析前 40 年和预测后 30 年的基础上，以 5 个方面的指标体系为依据，划分了 3 个食物发展阶段，全面系统地提出食物结构调整、优化、配套战略和符合中国国情的食物消费模式，从而把食物生产结构、消费结构与营养结构有机地紧密结合起来，从食物总需求与总供给、结构调整、技术路线、宏观调控与流通政策、六大区域与城乡食物发展等方面论述了综合配套措施，并提出了制定国家食物发展纲要、设立食物与营养指导委员会以及专家委员会。

该研究为制定纲要提供了基础，并为制定国民经济发展十年规划和"八五"计划提供了有关论证，同时有力促进了全国食物发展学术活动的开展，取得了重大社会效益。

1993 年获国家科学技术进步奖二等奖。

1997 年 5 月 12—16 日，中国农业科学院召开的全院科研计划工作会议。吕飞杰院长、杨炎生副院长出席会议。吕飞杰院长在讲话中指出，"九五"期间，中国农业科学院科研工作又取得了重大进展。

（1）瞄准世界科技发展态势，加强农业高新技术研究。在动植物基因工程、植物生物技术基础研究、植物遗传转化体系的建立、分子标记辅助育种、动植物生物反应器以及生物技术产业化等方面取得显著成绩，形成优势和特色，并在转基因抗虫棉、转基因水稻、转基因抗青枯病马铃薯、转基因抗黄萎病棉花、转基因植物生产乙型肝炎口服疫苗等研究方面取得一批居世界先进水平的科研成果。克隆了具有自主知识产权的相关基因 20 余个，获得和申请了 10 多项国家发明专利，获得了水稻、小麦、玉米、甘蓝、油菜、牧草等 20 多种作物原生质体培养再生植株，建立了棉花、水稻、小麦、马铃薯、黄瓜、番茄等 13 种农作物与蔬菜的遗传转化体系。1997 年 5 月 9 日，植物保护研究所等单位完成的"应用基因工程创造抗黄矮病毒转基因小麦育种"被评为 1995 年全国十大科技成就之一。6 月 17—19 日，中国农业科学院召开生物技术与发展研讨会。8 月 12 日，中国农业科学院抗虫棉试验示范现场考察会在天津清河农场召开。

在信息技术方面，建成了农业科技信息网络和中国作物种质资源信息网络，建立了我国第一个北方草地草畜平衡动态监测系统，研制和建立了多种数据库、专家系统、管理系统、模拟系统、声像技术和遥感技术，并在农业生产及资源、环境监测等方面推广应用。

（2）紧紧围绕我国农业和农村经济发展中的重大、关键技术问题，组织力量，联合攻关，取得重大进展与突破。"九五"期间，共选育出主要农作物高产、优质、多抗新品种（新组合）100 余个。其中获国家新品种后补助品种 32 个，列入农业科技跨越计划项目新品种 16 个。国家种质库新增数量达 33 万余份，居世界第一位；拥有种质资源总数达 37 万余份，居世界第二位。选育出乳肉兼用型西门塔尔牛核心母牛 2 178 头，采用胚胎生物技术获纯种肉牛皮埃蒙特牛后代 143 头，选育出瘦肉率达 63% 的大白猪新品系，培育出黄羽肉鸡、瘦肉型北京鸭新品系，建立了核心群，野外捕捉熊蜂 300 余只，培育成功 102 群，转入产业化开发。培育出一批适合北方草地的多抗、高抗牧草新品种，其中有 6 个新品种通过审定。在主要农作物病虫草害灾变预测及控制技术研究方面，建立了主产区小麦、玉米、棉花等主要农作物综合防治体系，示范面积达 400 万亩以上。此外，在提高化肥利用率技术、农业水分高效利用技术、中低产田治理与区域农业综合发展研究等方面取得重大进展，系统开展了我国加入 WTO 对农业的利弊与对策、粮食安全与食物保障及预警系统的理论等宏观战略研究，为国家、部门和地方政府宏观决策提供了依据。

（3）加强应用基础研究，为增强农业科技后劲和农业可持续发展提供技术储备。深入开展了作物杂种优势利用研究，在水稻、油菜杂种优势利用研究方面继续保持国际领先水平，玉米、棉花达到国际先进水平，小麦、蔬菜及其他作物接近国际先进水平。1997 年 9 月 24 日，中国水稻研究所成功地探索出从杂交水稻优势组合选育新品种的重要途径，在生理生态育种方法上有新突破。农作物重大病虫害变化规律及其机理研究取得重大进展，棉铃虫迁飞规律研究、微型昆虫飞行模拟系统和麦蚜传毒机理研究、小麦抗条锈病等基因系研究等达到国际领先水平，稻瘟病菌的遗传及作用机理、稻飞虱鸣声信息行为研究等已跻身国际先进行列。在节水农业基础理论研究上有新突破，首次探讨了水分亏缺时段内作物生理生态变化及复水后代谢机制。畜禽营养代谢与调控机理及畜禽病毒病理学方面也有重大突破。1997 年 10 月 15 日，生物技术研究中心国家农牧业单克隆抗体工业性试验基地建成的生物制品车间通过农业部验收，并获农业部核发的"兽药生产许可证"批文。12 月 29 日，作物育种栽培研究所"太谷核不育小麦"研究成果，被评为 1997 年中国十大科技新闻的头条。

会议结束时，杨炎生强调，各所要把"九五"科研计划管理工作做好，提出了具体要求，确保科研工作取得新进展、新突破。

此外，1995 年 9 月 5 日，中国农业科学院学术委员会软科学组召开座谈会，就中国农业科学院软科学工作现状、问题、今后任务及研究重点等进行深入探讨。

第三节　开创科技开发工作新局面

1998 年 7 月 18 日，中国农业科学院在兰州召开改革经验交流现场会，吕飞杰院长提出进一步把改革引向纵深，强调科技开发要有新的突破，要求各研究所要进一步总结经验，转变观念，积蓄力量，千方百计把中国农业科学院开发工作促上去，效率要有明显提高，管理要上一个台阶，实现新突破。

"九五"后期，中国农业科学院的科技开发从有偿服务向实体创收转变，一批科技支柱产业雏形已经形成，一些支柱产业正在启动，商品化、规模化、产业化初见成效。1998 年国有独资企业的比例下降到 62%，有限责任公司占到 38%，科技企业组织形式的构成发生很大变化，初步形成具有优势的种业、兽用生物制品及兽药、农产品加工等产业，具有潜在的生产力。

"十五"期间各研究所培育的农作物优良品种、果树种苗达 100 多个，在生产上推广，平均年推广面积 9 000 多万亩。例如，1992 年年底，生物技术研究中心研制成功具有自主知识产权的 GFM Cry1A 融合 Bt 杀虫基因，并将其导入棉花，创造出单价 Bt 转基因抗虫棉。1995 年构建了双价抗虫（Bt+CpTI）基因，标志着我国第二代抗虫棉的研究达到了国际领先水平。2002 年，棉花研究所又建成"棉花规模化转基因技术体系平台"，实现了基因遗传转化的流水线操作，年产转基因植株 8 000 株以上，做到了棉花转基因规模化和工厂化生产。

哈尔滨兽医研究所、兰州兽医研究所和特产研究所研制生产的生物制品及兽药，安全有效，具有规模化、产业化特点。"十五"期间，实现销售收入达 14 亿元。如哈尔滨兽医研究所继研制出马传染性贫血病驴白细胞弱毒疫苗之后，又研制出 H5 亚型禽流感灭活疫苗，在全国广泛推广应用，经济、社会效益巨大。

农产品加工业作为中国农业科学院潜在的新兴产业，"八五"以来，适应市场重大需求，先后研制生产出富有特色的农产品加工系列品种及功能保健食品，如蜂产品、燕麦片、龙井茶、葡萄酒、柑橘饮料、专利营养油、特色稻米，等等，深受群众欢迎。

中国农业科学院面向黄淮海平原、北方旱区、南方红黄壤地区和东北三江平原，承担国家、部门的重点科技项目，分别设有综合和专业性试验基地（基点），结合当地农业发展需要，研究与推广科技成果，培训技术骨干，普及科技知识，受到当地政府和广大农民欢迎和好评。其中，中国农业科学院针对北方旱区耕作粗放、农业结构单一、抗灾能力不强、产量低而不稳等问题，组织省以上科研、高校 52 个单位 750 人科技力量攻关，在"七五""八五"期间取得重要科技成果 87 项，推广先进适用技术 198 项，辐射面积 9 669 万亩，取得经济、社会效益 44.2 亿元。2002 年获国家科学技术进步奖二等奖。又如 20 世纪 80 年代初，中国农业科学院联合科研、高校的科技力量，针对南方红黄壤地区农业产量不高不稳问题，深入开展以"南方红黄壤中低产区综合治理和农业持续发展"为重点的跨部门、跨地区的联合攻关，共取得了科技成果 20 项，"九五"期间，累积推广面积达 5 015.8 万亩，经济、社会效益 38.45 亿元。2003 年获国家科学技术进步奖二等奖。

为落实中央关于"1997 年是科技推广年"以及开展"三下乡"活动的指示精神，2 月 23 日至 3 月 6 日，中国农业科学院组织"科技下乡团"赴贵州开展科技扶贫工作。11 月 13—20 日，组织 21 个研究所、5 个机关部门共 71 人的第二次赴贵州科技下乡活动，紧密结合当地生产实际，在实施 100 万亩玉米高产攻关项目、100 万只肉山羊商品基地建设项目、2 万亩优质烤烟生产基地建设项目、10 万亩柑橘生产基地建设项目和优质高效茶叶基地及名优茶开发项目等基础上，又与贵州省有关部门签订了 19 项科技开发项目，并开展技术咨询、技术服务活动，科技开发、科技扶贫取得显著效果，受到了贵州省广大农民的欢迎和好评。同时，得到了国务院领导的肯定，并将《中国农业科学院第二次赴贵州省开展科技下乡活动的情况报告》印发各地区、各部门参阅。5 月 7—9 日，中国农业科学院 16 个研究所组成的"赴唐河考察咨询服务团"赴河南唐河县开展农业科技咨询服务，双方签订中国农业科学院唐河科技综合示范县协议。6 月 18 日，中国农业科学院与河北鹿泉市在北京举行农业科技综合示范市签约仪式，建立科技综合示范基地，推广农业新技术、新成果。

1998 年 1 月 6 日，在中宣部、农业部等十部委召开的"三下乡"表彰会上，中国农业科学院被评为先进集体，原子能利用研究所赖铭隆被评为先进个人。5 月 4—6 日，由贵州省省长助理章力建为团长的贵州省绿色产品加工考察团一行 28 人来中国农业科学院进行考察和洽谈活动，中国农业科学院与贵州省 19 家企业签订了合作意向书。6 月 17—26 日，由院党组副书记高历生带队，11 个研究所和 3 个部门共 40 位专家，赴贵州省开展"科技兴农、科技扶贫"活动。1 月 17 日，中国农业科学院召开科技副县长工作会议，总结工作，安排选派任务。之后，中国农业科学院向贫困地区派出科技副县长 70 名，深入开展科技扶贫工作，做出了成绩。

1999 年 6 月 21—28 日，吕飞杰院长、高历生副书记带队，组织 30 名专家到贵州省开展"科技兴农、科技扶贫"活动。11 月 17—21 日，中国农业科学院组织 19 个研究所 41 位专家参加由国务院扶贫开发领导小组、科技部、农业部和中央电视台联合在湖北罗田县举办的 1999 年科技下乡活动。1999 年后，中国农业科学院先后在山东德州、山西运城、万荣，河南南阳，湖北浠水，内蒙古伊克昭盟等建立了科技示范基地。

2000 年中国农业科学院隆重召开"西部万里行"动员大会暨新闻发布会。农业部常务副部长万宝瑞到会讲话，吕飞杰院长做了动员报告。全国人大农业委员会副主任洪绂曾以及农业部有关司局领导亲临指导。两院院士、院领导、参加"西部万里行"的全体人员和首都 27 家新闻单位的记者 200 多人出席了会议。5 月 29 日至 6 月 28 日，中国农业科学院组织百人专家团，历时一个月，行程 7 100 千米，先后到内蒙古、宁夏、甘肃、新疆包括新疆生产建设兵团，四省（自治区）五市开展"农业科技西部万里行"活动。8 月 14—16 日，中国农业科学院在北京召开了西部农业和农业科技发展研讨会，民建中央副主席、农业部原副部长路明，农业部有关司局领导及 10 多家新闻单位记者出席了开幕式。

2001 年 1 月 1 日，中国农业科学院 22 个单位的 60 名专家赴贵州开展科技"三下乡"活动。中央电视台在《新闻联播》中播出了新闻专题。

第四节　科研工作大检查

根据中国农业科学院党组的统一部署，1997 年 11 月至 12 月中旬，由吕飞杰、朱德蔚、高历生、杨炎生等院领导带队，科技局、办公室、国产局、计财局、研究生院和 12 个研究所有关同志参加，组成 8 个检查组，先京外、后京内，分赴院属各研究所（中心、室），对科研、开发等工作进行全面检查。

检查结果表明，"九五"科研与开发取得了重要进展。

（1）承担的科研课题明显增加、落实执行效果好。全院 38 个研究所（中心）共承担各类科研子专题 1 591 个，其中国家部门子专题 1 196 个，占全院课题总数的 75.2%，比"八五"后期分别增加

16.9%和28.9%。

随着科研任务增加，三项费用、专项费用也有明显的提高。据初步统计，全院38个研究所（中心）1997年经费达4 759多万元，科技人员年均达0.95万元，最高如生物技术研究中心达4万元。作物育种栽培研究所、作物品种资源研究所、植物保护研究所、中国水稻研究所、棉花研究所三项费用、专项费用达400万元以上。与"八五"期间比较，三项费用、专项费用有较大幅度增加。

（2）研究领域进一步拓宽，即从注重产量的提高向产量、品质并重的方向转变，从注重产中技术向产前、产后研究转变，从注重传统常规技术向常规技术与高技术结合方向转变，从注重微观研究向微观、宏观研究并重转变。近年，面向21世纪的农业，特别是新技术革命的挑战，资源与环境、生物技术、信息技术、航天育种技术和农业可持续发展等研究有新发展。

（3）联合攻关的主战场初步形成。重点围绕农业和农村经济发展中的"热点""难点"问题，即粮、棉、油、肉的高产、优质、高效生产中，育种、栽培、饲养、病虫（疫病）害和农业气象灾害防治技术等研究，组织跨部门、跨行业、跨地区联合攻关的态势已初步形成。据统计，全院38个研究所（中心），承担国家和部门科技攻关项目28个、专题105个，投入科技攻关人员3 330人次，约占从事课题研究人员的41.4%，投入科研三项费用、专项费用的45.4%。

（4）高新技术和基础性研究有新的加强。着眼于20世纪末和21世纪初人口、资源、环境、食物问题，调整专业学科结构，改造传统应用学科，加强基础学科，侧重生物遗传学、病理学、昆虫学、营养学、微生物学、食品科学等学科；重视新兴学科和交叉学科发展，包括生物技术、信息技术、空间技术等；重视综合学科发展，包括资源与环境科学、生态农业与可持续发展科学、农业发展经济学等。据初步统计，中国农业科学院高新技术和基础性研究的课题达348个，约占全院课题总数的 21.9%，将为农业可持续发展和科技进步提供技术储备。

（5）科学研究取得新的进展。自"九五"科研课题启动两年来，有 20 多个农作物品种通过了国家和省级品种审定委员会的审定，其中 7 个品种获得国家科技攻关后补助。"超级稻"研究进展顺利，水稻籼粳亚种间杂交和早籼优质米选育研究不断深入，培育出一批表现突出的新组合，高产优质抗病棉花新品种均可推向生产；转基因双价抗虫棉新品种培育与示范进展显著。甘蓝杂交制种技术研究取得了新的突破。小麦、玉米、大豆、果蔬等已选育出一批新品种、新品系。簇毛麦与中间偃麦草杂交，获得了抗黄矮和抗条锈病的小麦新种质。分子标记技术已应用于小麦、水稻、玉米、蔬菜等作物育种研究。

棉铃虫迁飞及转移为害规律研究，小麦抗黄矮病、马铃薯抗青枯病基因工程研究取得了突破进展。油菜异核雄性不育基因分析表达和育种应用的研究取得重要成果。在区域治理与开发、中量元素肥效机理和施肥技术研究方面也取得新成果。

猪传染性胃肠炎和猪流行性腹泻二联弱毒苗的研究，禽流感单抗及分子诊断试剂的研制，口蹄疫病毒主要分离物核苷酸的序列差异研究，抗日本血吸虫基因工程苗的研究，瘤胃微生物尿酶抑制剂的合成与应用，皮埃蒙特良种肉牛繁育体系建立研究等取得了显著进展。

（6）一批高素质中青年科技骨干成为科研工作的中坚力量。"九五"是中国农业科学院科技工作新老交替的关键时期。随着老专家、老同志的离退休，一批高素质、有真才实学的中青年科技骨干走上了课题主持人的岗位。据初步统计，全院 45 岁以下的课题主持人约占 60%。检查结果显示，一批高素质、有真才实学的中青年科技骨干成为科研工作的中坚力量，发挥着越来越重要的作用。

（7）组织协调重大科技项目有新的发展。国家科技攻关项目和部门重点科技项目近 2/5 是委托中国农业科学院和有关研究所（中心）主持，其中国家科技攻关课题 5 项、专题 48 项，"863" 高技术计划重点课题 4 项，国家重大基础研究专题（攀登计划） 17 项，国家自然科学基金重点课题 4 项，农业部重点科技课题 12 项等，除做好自身的科研工作外，还面向全国，抓计划落实、执行情况检查和学术交流，抓项目的组织协调，在重大科技攻关组织与管理中发挥了重要作用。

1998 年是中国农业科学院执行 "九五" 科技计划关键的一年。在新的一年里，大力实施 "科教兴国" 和可持续发展战略，为高标准地完成 "九五" 计划奠定坚实基础，为 20 世纪末国民生产总值再翻一番、全国农村实现小康、5 800 万人口脱贫提供一批重大科技成果。同时，还面向新世纪国民经济三步走的发展战略、迎接新的农业科技革命提供强有力的科技贮备和支撑。

为此，院提出以下主要措施：统一思想，统一认识，集中精力抓好科研，迎接 "九五" 重点科研项目的中期评估；正确地把握研究方向，准确定位；坚持三个层次、三类研究纵深配置合理布局，不断增强科技发展后劲；针对科研课题分散重复、小型化趋势，积极做好组织协调工作，组装集成，组建课题群；建立以中青年科技骨干为主体的优秀科研群体；保护知识产权，提倡优良学风和良好的科学道德；建立有关规章制度，切实加强对研究所（中心）的宏观管理。

第五节　人才队伍建设与研究生教育

为深入贯彻 "科教兴国" 战略和党的十四届三中全会提出的 "要造就一批进入世界科技前沿的跨世纪学术和技术带头人" 的战略部署，落实中央领导同志指示精神和有关部委的人才建设计划，1996 年年初院工作会议上，吕飞杰院长提出 "九五" 期间实施 "三百一千"人才培养工程，即培养 100 名跨世纪所、局级管理干部；培养 100 名跨世纪学科带头人；培养 100 名科技企业家或推广专家；培养 1 000 名跨世纪学术骨干（研究室主任或课题主持人），并制定了培养、选拔意见和办法等文件。同年，在朱秀岩、高历生副书记主持下，分别举办了以党务、科研、财务领导干部和以开发、国际合作等方面领导干部为主培训班，为选拔跨世纪所、局级管理干部做准备。

随着 21 世纪的逼近，培养跨世纪人才的任务越来越紧迫，中国农业科学院实施培养造就 100 名跨世纪学科带头人的计划，制定了《中国农业科学院培养选拔跨世纪学科带头人的意见》及其管理办法等一系列文件，重点是开展跨世纪人才队伍建设。1996 年 12 月，中国农业科学院召开跨世纪人才培养会议，首批 45 名学科带头人提名人与领导、专家一起就跨世纪学科带头人的培养问题进行探讨。1997 年年初，按照选拔标准程序，从海内外，在农业科教范围率先选拔出优秀的跨世纪学科带头人，共 36 名，并在工作上和生活上予以优先照顾。同时，还举办了培训班，重点是提高他们的政治素养、思想作风，取得了一定成效。6 月 19 日，农业部刘江部长接见了跨世纪学科带头人，并与他们座谈。

"八五"期间，庄巧生当选为中国科学院学部委员（院士）、李博当选为中国科学院院士。"九五"前后，李光博、沈荣显、方智远、张子仪、范云六、董玉琛、郭予元相继当选为中国工程院院士。根据国家有关部委的通知精神，从 1985—2000 年，共有 25 名科技人才被批准为有突出贡献的国家级专家，61 名科技人才被农业部批准为有突出贡献的部级专家。有 11 名科技人才被批准为"百千万人才工程"第一、第二层次人选。共有 1 054 人获国务院政府特殊津贴。基本覆盖了遗传育种、昆虫病理、资源与环境、兽医兽药、生物技术、信息技术、农业经济等主要学科，形成了以中青年为主体的科技人才队伍，有效地确保科研与开发工作。

为加强中国农业科学院研究生院的建设，1981 年 11 月国务院批准后，1985 年中国农业科学院成立了学位评定委员会。研究生院下设教务处、总务处，1985 年增设办公室，共 3 个职能机构。经国务院学位委员会批准，1985—2000 年，分 4 批设置作物遗传育种、作物营养与施肥、昆虫学、动物营养学、兽医寄生虫与寄生虫病学、生物物理学、蚕桑学、农业经济及管理、传染病学与预防兽医学等 13 个博士生学位授权点，还批准硕士学位授权点 35 个，指导教师 150 名，每年开设课程达 80 门以上。

1999 年 11 月 4 日，党组副书记王红谊在中国农业科学院第四次研究生教育工作工作会议上，做了题为《把握机遇　加大改革　将研究生教育工作提高到新水平》的报告。11 月 5 日，吕飞杰院长在庆祝中国农业科学院研究生教育工作 20 周年大会上的讲话，首先回顾研究生教育 20 年的发展历程，从无到有、从小到大，艰苦奋斗，不断进取，为全国培养了大量高级农业科技人才。面向未来，提出了研究生教育的方向和任务，坚定方向，奋发努力，一定要把中国农业科学院研究生院办成全国一流的研究生院，为国家培养大批的农业科技人才，为农业科技做出更大的贡献。

2000 年 6 月 29 日，研究生院举行首届中国农业科学院 2000 年博士论坛。自 1982 年以来，研究生院毕业后留院的一批研究生，有的被提拔到研究所的领导岗位，有的在科研工作中，做出了突出成绩。例如，生物技术研究中心的郭三堆是范云六研究员的博士生，毕业后从事转基因抗虫棉研究，1991 年，在国家 "863" 计划专项和农业部、国家发改委、财政部等部委的大力支持下，取得了重要进展。1992 年研制出单 Bt 转基因抗虫棉。1995 年，构建了双价抗虫（$Bt + CpTI$）基因，我国第二代抗虫棉的研究达到了国际领先水平。2002 年获国家技术发明奖二等奖。哈尔滨兽医研究所陈化兰在导师于康震指导下从事禽流感疫苗研究，2005 年获国家科学技术进步奖一等奖。

刘旭博士与董玉琛院士共同主持的中国农作物种质资源收集保存评价与利用研究，2003 年获国家科学技术进步奖一等奖。

第六节 国际合作与交流新发展

一、来 访

1997 年以后，中国农业科学院接待国外友人来访增多，主要有：6 月 23 日，美国艾奥瓦州立大学校长 Martin C. Jischke 博士一行到生物技术中心访问，就今后在大豆和玉米基因工程方面进行合作研究交换了意见。9 月 15 日，日本著名水稻专家原正市先生访问水稻所。11 月 20 日，美国农业部副部长冈萨雷斯来中国农业科学院访问。

1998 年 7 月 3 日，诺贝尔和平奖获得者、国际玉米小麦改良中心小麦育种专家布劳格博士到中国农业科学院访问，并做了题为《今后 20 年粮食需求》的报告。8 月 24 日，世界银行农村发展部环境与社会持续发展战略与政策专家，前美国温洛克国际农业发展理事会主席罗伯特·汤普森和世界银行北京办事处高级农经专家朱根·伏格勒到中国农业科学院访问。9 月 3 日，以菲律宾农业部部长威廉·达尔为团长的菲律宾农业代表团一行 10 人到中国农业科学院访问，并参观了科技文献信息中心和作物品种资源研究所。9 月 21 日，加拿大农业和食品部助理部长莫瑞西一行到中国农业科学院访问。

1999 年 3 月 15 日，古巴农业部副部长摩尔登来中国农业科学院访问。4 月 12 日，匈牙利农业与地区发展部国务秘书托马斯·卡洛伊博士率匈牙利农业代表团访问中国农业科学院，并参观了院成果展、饲料研究所、畜牧研究所。5 月 25 日，以俄罗斯农业科学院朱澄科副院长为团长的俄罗斯农业科学院代表团来中国农业科学院访问。6 月

18 日，比利时驻华大使马利国先生来中国农业科学院访问。

2000 年 5 月 31 日至 6 月 3 日，中国农业科学院与国际水稻研究所在杭州召开水稻合作研究项目计划会议。双方签订了 2001 年度合作计划。农业部、科技部、国家自然科学基金委员会等有关部门领导和中国有关项目合作单位的专家参加了会议。8 月 1 日，欧盟驻华使团新任科技参赞来中国农业科学院访问，并参观了作物品种资源研究所、生物技术研究所和设在中国农业科学院的国际机构联络处。

中国农业科学院国际科技交流渠道增多，规模不断扩大，除同欧美等发达国家进行交流外，还同东南亚、南美洲及非洲等第三世界国家建立了双边关系。同联合国粮农组织、联合国开发计划署、联合国经合组织、国际原子能机构、国际农业研究磋商组织及其下属 11 个研究所（中心）等互访、签署合作协议及学术交流等。"九五"期间，中国农业科学院对外科技合作与交流进一步扩展，先后同 40 多个国家和地区建立了科技交往关系，同 23 个国家和 10 个国际组织及研究机构签署了双边合作协议或备忘录，扩大了中国在国际农业科技界的影响。

1997 年 11 月 7 日，国际水稻研究所驻京办事处在中国农业科学院成立。11 月 10 日，国际玉米小麦改良中心驻京办事处在中国农业科学院成立。国际马铃薯中心驻京办事处在中国农业科学院成立。世界农用林业中心、国际食物政策研究所、国际植物营养研究所、韩国农村振兴厅驻京办事处在中国农业科学院成立。2001 年 2 月 23 日，国际农业研究磋商组织协调领导小组秘书处在中国农业科学院正式挂牌等。

中国农业科学院与国际机构和国际农业研究中心的合作得到加强。其间，中国农业科学院与国际水稻研究所、国际玉米小麦改良中心、国际马铃薯中心、国际半干旱地区热带作物研究所、国际干旱研究中心、国际植物遗传委员会、国际热带农业研究所、国际粮食政策研究所以及亚洲蔬菜研究与发展中心、加拿大钾磷研究所、国际生物防治研究所，在已有合作基础上，又有新的发展。

中国农业科学院还与欧盟、联合国粮农组织、联合国开发计划署、国际经合组织、世界银行以及相关机构建立了良好的合作关系，共同举办了一系列相关活动。其中包括申请世界银行贷款项目——农业教育与科研项目，参加单位有中国水稻研究所、棉花研究所、文献中心、畜牧研究所、哈尔滨兽医研究所、草原研究所和作物育种栽培研究所，共获贷款2 640万美元，利用贷款培训科技人员220多名，请进专家130多名，派出科学考察、参加国际会议300多人次，新建中国水稻研究所、文献中心、哈尔滨兽医研究所SPF动物实验室等，并购置了大量仪器设备。1985—1996年，世界银行派审计评估团对上述贷款项目执行情况进行了检查评估。

中国农业科学院先后聘请近20位国际上著名的外籍和外籍华裔科学家担任名誉研究员。中国农业科学院有关专家先后被国外机构聘为重要职务或受到奖励。1981年，原子能利用研究所徐冠仁教授当选为国际水稻研究所理事会理事和理事会计划委员会委员，1982年1月，美国明尼苏达大学举行授勋仪式，授予原子能利用研究所徐冠仁教授杰出成就奖。1986年1月，我国著名生物防治专家邱式邦被法国农业部授予法国农业功勋骑士勋章。10月，美国农业服务基金会主席，将刻有"美国农业服务基金会永久荣誉会员"的奖牌，分别授予金善宝院长和郑丕留教授。

二、国际交流

期间，中国农业科学院不仅派出科学家出国参加国际学术会议，而且积极创造条件，在国内有计划召开一系列有影响的国际会议。

1993年8月，农业部、中国草原学会和中国农业科学院草原研究所共同组织，在呼和浩特召开首届草地资源学术会议。9月，受国家科委农村科技司委托，中国农业科学院科研管理部在北京主持召开国际植物新品种保护联盟地区研讨会。

1996年6月12—16日，中国农业科学院与辽宁省农业科学院、国家向日葵协会在北京联合主办第14届国际向日葵大会。

1997年7—8月，中国农业科学院和国际水稻研究所联合举办的中国—国际水稻研究所科研对话会在北京举行。11月10—12日，由农业部、中国农业科学院及国际农业研究磋商组织共同主办的"国际农业研究磋商小组——中国活动周"在北京举行。11月29日，国家科委、意大利驻华使馆和中国农业科学院在北京联合举办中—意农业食品工业研讨会。

1998年，由中国农业科学院农业经济研究所农业政策研究中心和联合国粮农组织亚太地区办事处联合主办的中国农业政策国际研讨会在北京召开。来自美国、日本、加拿大等国的专家、中共中央政策研究室、农业部、中国农业科学院的领导和专家80多人参加了会议。全国人大常委会副委员长、中国软科学研究会理事长成思危，农业部副部长路明，中国农业科学院副院长朱德蔚到会讲话。

1999年5月24日，"国际农业研究磋商组织1999年中期会议：中国日"在中国农业科学院举行。世界银行副行长兼国际农业研究磋商组织主席Ismail Serageldin先生、国际农业研究磋商组织理事会成员及下属16个中心负责人、国际农业研究磋商组织成员代表等280多人，农业部、科技部领导、中国科学院、中国农业科学院和各省农业科学院的领导、专家共60余人参加了该项活动。5月27日，在国际农业研究磋商组织理事会会议期间，吕飞杰院长等会见印度国家农业科学院院长、南非国家农业委员会主任、巴西农业部科教司司长和哥伦比亚农业部科教司司长等代表，就中国农业科学院与上述国家加强农业科技合作的途径与方式进行了讨论。5月31日至6月3日，由中国农业科学院与国际农业和生物科学中心联合主办的第一届"白色农业"国际研讨会在北京召开。7 月 5—9 日，由国际原子能机构主办，原子能利用研究所承办的亚太地区核能学顾问组会议在北京举行。来自 14 个国家的 29 名农业专家和政府官员出席了会议。8 月 3 日，由中国农业科学院与国际玉米小麦改良中心联合主办的优质蛋白玉米新品种发布会在北京举行。农业部副部长路明，中国农业科学院院长吕飞杰以及国际玉米小麦改良中心主任瑞务斯博士，世界著名科学家、诺贝尔奖获得者布劳格博士出席会议并讲话。这些对促进中国农业科技发展，提高我国在国际科技界地位，都是十分有益的。

第七节　迎来建院 40 周年

1997 年是中国农业科学院建院 40 周年。10 月 8 日，在北京召开了庆祝大会，党和国家领导人江泽民、李鹏、李岚清、温家宝、姜春云、陈俊生题词。国务院副总理姜春云出席会议，做了题为《贯彻十五大精神　推进新的农业科技革命》的讲话。他在讲话中说，"中国农业科学院已经走过了 40 年的光辉历程。40 年来农科院在党中央、国务院的正确领导下，坚持面向全国、面向农业生产、立足农村、服务农民的方向，经过全院干部、职工的共同努力，在农业科研和人才培养两个方面，都取得了丰硕的成果"。

面向未来，姜春云强调："推进新的农业科技革命，是一项光辉而艰巨的任务，是整个农业战线和广大农业科技人员的一项重大使命。希望中国农科院在党的十五大精神指引下，进一步解放思想，更新观念，在深化科技体制改革方面迈出新步子，探索新路子，创造新经验；从我国农业现实和长远发展需要出发，选择一批重大技术课题，组织联合攻关，取得新的突破；坚持以社会需求和市场需求为导向，面向农业和农村，加强科技开发和技术推广工作，加速科技成果的转化；积极创造有利于人才成长的良好环境，做到快出人才，多出人才；农科院的广大科技人员和职工，要进一步认清所肩负的历史使命，自强不息，有所作为，勇攀科技高峰，坚持'两手抓、两手都要硬'的方针，加强思想政治工作和精神文明建设，实现物质文明、精神文明成果双丰收"。

吕飞杰院长在讲话中，首先代表中国农业科学院党组和全院职工向出席大会的党和国家领导同志、农业部和各部委领导同志、来自四面八方的贵宾们表示最热烈的欢迎和衷心的谢意。

吕院长回顾了中国农业科学院成长与发展不平凡的历程，既有建院初期的艰辛，"文革"十年的浩劫与冲击，更有改革开放 20 年的蓬勃发展。全院的研究机构由建院之初的 17 个发展到 38 个，连同研究生院和中国农业科技出版社，共 40 个直属单位。专业涵盖农业资源、遗传育种、耕作栽培、土壤肥料、农田灌溉、植物保护、畜牧兽医、生物技术、农业气象、农业机械、环境保护、农业经济、文献信息等。全院职工由建院时的 2 100 多人发展到 1 万人，科技人员由当初的 900 多人增至 5 500 多人，其中高级技术职务的 1 600 多人，中国科学院院士和中国工程院院士共 8 名，涌现出一批著名科学家，一代跨世纪新人正在茁壮成长。作为全国唯一有博士授予权农业科研单位，我们已培养千余名博士、硕士，桃李遍布中华大地。我们已有国家及农业部重点开放实验室 22 个，国家级、部级质量监督测试中心 17 个。截至 1996 年年底，由中国农业科学院主持获奖成果达 1669 项，其中国家级奖项 198 项。"八五"期间，中国农业科学院以占全国农业科技人员总数的 8%，获得了 26% 的国家级成果奖，充分显示中国农业科学院的科研实力和水平。这些成果在生产上广泛应用，农作物和畜禽新品种有 300 多个，棉花系列品种覆盖全国种植面积的 50% 以上，油菜品种占全国种植面积的 30%，甜菜良种占全国种植面积的 50%，甘蓝系列配套品种占全国种植面积的 60%~70%。杂交水稻、杂交玉米、转基因抗虫棉、马传染性贫血病弱毒疫苗、口蹄疫疫苗等一批重大成果达到世界先进水平。

吕飞杰提出：以建设适应社会主义市场经济体制、符合科技自身发展规律、科技与经济紧密结合的高水平的现代农业科学院为方向，以"使农业科技率先跃居世界先进水平""使农业科技进步贡献率在2010 年提高到 60%"为目标，把主要力量用于基础性研究及全国性重大应用研究与开发，着重解决全局性、基础性、关键性、方向性的重大科技问题，到 2000 年要使中国农业科学院科技总体水平达到 20世纪 80 年代后期世界先进水平。到 2010 年，总体水平达到 21 世纪初世界先进水平。吕飞杰还提出，要大力造就有较高素质的跨世纪人才，"九五"期间，培养 100 名跨世纪学科带头人，培养 100 名科技企业家或推广专家，培养 1 000 名跨世纪学术骨干，培养 100 名跨世纪所、局级管理干部，获得 100 项国家级重大成果，推广 100 项有重大效益的成果，年科技创收 1 亿元，逐步形成充满活力的新体制、新机制，以崭新姿态迎接新的农业科技革命。

当天下午，召开了迎接新技术革命座谈会，中国农业科学院一些专家和来自全国各地的农业科学家就新技术革命这一重大课题进行了热烈讨论。

会议期间，还举办了中国农业科学院成立 40 周年成就展。

第八章 调整办院方针与持续发展
（2002—2011 年）

　　2002 年 5 月，中国农业科学院的战略定位发生重大调整。新一届领导提出，要把中国农业科学院建成为具有国际先进水平的国家农业科技创新中心、国内一流的农业科技成果转化中心、国家农业科技国际合作与交流中心和高层次农业科研人才培养基地，即"三个中心、一个基地"战略定位。

　　"十五"以来，中国农业科学院承担国家、部门各类科技计划项目（课题）几千余项，科技经费 50 多亿元。在过去研究工作基础上，以第一主持单位名义，获国家技术发明奖二等奖 3 项、国家科学技术进步奖一等奖 6 项、二等奖 45 项。新审定品种 545 个，获专利 895 项，新兽药证书 65 项。推广了一批农作物、畜禽新品种、新技术。产业开发收入持续增长。形成了以兽药生物制品及兽药产业、饲料业、种业、特色农产品加工及功能食品业为主的四大科技支柱产业。其中收入过亿元的研究所 4 个，超过千万元的研究所有 16 个。

　　进一步加强国际合作与交流，先后共与 50 多个国家和 17 个国际组织签订了科技合作协议。同时，通过 13 个国际机构建立的驻华办事处，为全国 20 多个省、自治区、直辖市农业科研、教学等单位参加"国际农业研究磋商组织（CGIAR）挑战计划"，获得了合作项目和经费支持。还组织召开或承办了一系列国际农业会议。

深化人事制度改革，为高层次科研人才创造良好的工作环境。自筹资金启动实施"杰出人才工程"，向海内外招聘杰出人才，使高层次人才有所增加。有 4 人获得"中国科学家奖"称号。研究生院实现了快速发展。2010 年在校全日制研究生规模达到 3 871 人。拥有 7 个博士一级学科和 44 个博士授权点，8 个硕士一级学科和 56 个硕士授权点。

10 年来，中国农业科学院基本建设财政总投资 26.2 亿元，建立或正在建设一批重大科研平台、科研试验基地（园区）。新建院部办公大楼和 14 座研究所科研大楼。其他研究所的科研、实验设施进行了修缮和改造。还加强了土地开发工作，植物保护研究所、畜牧研究所、原子能利用研究所土地转让 140 多亩，与企业合作建设寰太大厦、天作大厦、粤公府及周边房产转让租赁，以增加绩效工资和岗位补贴，弥补事业费的不足。

2002 年 11 月，中国农业科学院党组书记、院长翟虎渠当选第十六届中共中央候补委员。

第一节　调整办院方针、重新定位

中共中央中委〔2001〕47 号文通知，翟虎渠同志任中国农业科学院党组书记。2001 年 7 月 30 日，国务院国人字〔2001〕115 号文通知，任命吕飞杰为国务院扶贫开发领导小组副组长兼办公室主任，免去中国农业科学院院长职务，任命翟虎渠为中国农业科学院院长（副部级）。

2002 年 1 月 4 日，中国农业科学院召开京区所领导、院机关正处级以上干部会议，宣布农业部党组的任免决定：任命王运浩、刘旭、屈冬玉为副院长、党组成员，司洪文为党组成员。

翟虎渠院长在 2002 年 1 月 14 日中国农业科学院工作会议上明确提出，要把中国农业科学院建成为具有国际先进水平的国家农业科技创新中心、国内一流的农业科技成果转化中心、国家农业科技国际合作与交流中心和高层次农业科研人才培养基地，即"三个中心、一个基地"。6 月 4 日，翟虎渠在京区所局级以上干部扩大会上，做了题为《统一思想，深化认识，加快"三个中心、一个基地"建设的步伐》的讲话。6 月 7 日，翟虎渠在中国农业科学院院务扩大会上，对"三个中心、一个基地"的战略定位进行了深入阐述，以确保战略定位的贯彻实施。

7 月 8 日，翟虎渠院长主持召开院长办公会，宣布院职能部门由一室六局改为一室九局，即院办公室、科技管理局、人事局、计划财务局、国际合作局、科技产业开发局、直属机关党委、监察与审计局、后勤服务中心（局）。

2002 年 1 月 19 日，翟院长在工作会议总结讲话中，强调要以体制创新推动科技创新，加快中国农业科学院改革进程，提出调整机构设置和研究所的方向任务。之前，即 2001 年 11 月 16 日，院党组研究决定，农业气象研究所和生物防治研究所合并，组建农业环境与可持续发展研究所（中心），并印发批复（农科院人字〔2001〕328 号）。9 月，农业部批复，依托柑桔研究所组建国家柑桔品种改良中心。9 月 27 日，农业部批复，依托麻类研究所组建国家麻类作物育种中心。12 月 28 日，依托油料研究所建立国家油料作物改良中心通过农业部验收。

2002 年 10 月 10 日，科技部、财政部、中编办下发《关于农业部等九个部门所属科研机构改革方案的批复》（国科发政字〔2002〕356 号），中国农业科学院作为国家第二批公益类科研机构全面启动科技体制改革，全院 39 个直属机构按照非营利性科研机构、转制为企业、进入大学、转为农业事业单位等 4 种模式进行分类改革，对相关科研机构的发展产生了深远影响。

2003 年 1 月 1 日，正式宣布将作物育种栽培研究所与作物品种资源研究所合并，成立作物科学研究所。5 月 13 日，土壤肥料研究所与农业自然资源和农业区划研究所合并重组，暂为农业资源与农业区划研究所。5 月 28 日，听取合并重组农业资源与农业区划研究所方案汇报。7 月 8 日，成立农业质量标准与检测技术研究所。8 月 18 日，农业部批复，依托茶叶研究所组建国家茶叶改良中心。8 月 25 日，甜菜研究所与黑龙江大学合并暨黑龙江大学农学院成立仪式在黑龙江大学举行。9 月 20 日，上海家畜寄生虫研究所改为上海兽医研究所，撤销原子能利用研究所等。9 月 20 日，成立农业部外来生物入侵预防与控制研究中心。12 月 19 日，农产品加工研究所在京举行揭牌仪式。

2004 年 8 月，农业部批准，依托烟草研究所组建国家烟草改良中心。

2005 年 3 月，科技部批准，中国农业科学院畜牧研究所和中国农业大学共同建立动物营养国家重点实验室。11 月，中国农业科学院农业资源与农业区划研究所 1997 年建立的呼伦贝尔草原生态系统国家野外科学观测研究站，被科技部遴选为国家重点野外台站。

2006 年 7 月 26 日，科技部批准，在兰州兽医研究所建立家畜疫病病原生物学国家重点实验室。11 月 15 日，科技部批准，依托作物科学研究所组建全国作物种质资源野外观测研究圃网。12 月 12 日，依托蚕业研究所建设国家蚕桑育种中心通过农业部验收。12 月 28 日，举行了中国农业科学院国家植物转基因研究中心揭牌仪式。

2002—2005 年，"三权"归地方管理的江苏省家禽研究所、江苏省甘薯研究所、广西壮族自治区水牛研究所、甘肃省草原生态研究所分别挂中国农业科学院牌子，改为双重领导。2003 年 1 月 7 日，中国农业科学院成立国际农业高新技术产业园管理机构，并成立领导小组和管理委员会。3月8日，河北省副省长宋恩华与屈冬玉副院长到廊坊现场办公，共商有关中国农业科学院国际农业高新技术产业园（万庄）建设和发展的问题。5月7日，翟虎渠等院领导听取国际农业高新技术产业园（万庄）管委会近期工作进展和工作安排。5月26日，翟虎渠等院领导到廊坊检查高新技术产业园建设情况。6月2日，国家外专局刘树司长一行10人，赴中国农业科学院畜牧研究所昌平基地考察，并举行"国家引进国外智力成果示范推广基地"挂牌仪式。7月8日，举行"绿僵菌生物防蝗基地"挂牌仪式。

根据国务院关于"深化农业科研体制改革，抓紧建立国家农业科技创新体系"和"加快建设国家创新基地和区域性农业科研中心"的精神，2003年11月20日，翟虎渠院长主持召开农业科技创新体系建设座谈会。12月4日，翟虎渠向科技部体改司领导汇报农业科技创新体系建设建议方案。2004年、2005年、2006年、2007年分别在中国农业科学院举办全国农业科研机构联谊活动，邀请各省、自治区、直辖市农（林、牧）业科研机构、有关高等农业院校的领导、院士、专家等出席会议。

2004年12月19日，在早期商谈中国农业科学院—吉林省人民政府联合建设国家农业科技创新东北分中心事宜基础上，"中国农业科学院东北创新中心"在吉林省农业科学院揭牌。翟虎渠院长、吉林省人民政府代省长及有关省农业科学院、农业院校代表出席揭牌仪式。

2005年1月17—19日，中国农业科学院召开2005年工作会议，翟院长在报告中提出，要抓紧建立国家农业科技创新体系，全面加快"三个中心、一个基地"建设。3月8日，中国农业科学院与四川省人民政府科技合作协议签字仪式在中国农业科学院举行。3月12日，中国农业科学院与江苏省人民政府科技合作协议签字仪式在中国农业科学院举行。3月17日，中国农业科学院与湖北省人民政府科技合作协议签字仪式在中国农业科学院举行。3月18日，翟院长接待山东省副省长陈延明和山东省农业科学院有关领导，双方围绕加强科技合作，积极推进黄淮海区域农业科技创新中心建设进行座谈。之后，"中国农业科学院黄淮海创新中心"在山东省农业科学院揭牌。

2007 年 4 月 14 日，由广东省人民政府与中国农业科学院联合共建"中国农业科学院华南创新中心"签字挂牌仪式，在广东省农业科学院举行。7 月 25 日，"中国农业科学院西南创新中心"在四川揭牌，该中心由中国农业科学院与四川省人民政府依托四川省农业科学院以共建方式组建，这是继东北、华南、黄淮海创新中心后，第四个区域创新中心。

此后，中国农业科学院还先后与内蒙古自治区人民政府（2005.4）、湖南省人民政府（2005.12）、河北省人民政府（2006.11）、河南省人民政府（2006.12）、江西省人民政府（2010.5）、安徽省人民政府（2010.10）、广西壮族自治区人民政府（2011.3）、福建省农业科学院（2011.3）等签订了科技合作（战略）协议。2010 年 11 月 2 日，中国农业科学院与深圳市人民政府签署协议，合作共建现代生物育种创新示范区等。

国务院有关领导和农业部党组十分重视中国农业科学院科技体制改革工作。2004 年 2 月 4 日，国务委员陈至立在国务院副秘书长陈进玉、科技部副部长李学勇、农业部副部长张宝文等陪同下来中国农业科学院考察工作，并召开了座谈会，翟院长汇报工作后，陈至立就农业科技工作及公益类科研机构的改革与发展发表了重要讲话。3 月 26 日，国务院副总理回良玉一行来中国农业科学院考察，听取了翟虎渠院长的工作汇报，并召开了座谈会，发表了重要讲话。此间，2 月 5 日，农业部召开部常务会议，专门听取了翟院长关于中国农业科学院工作的汇报。最后，杜青林部长做了重要讲话。他首先肯定了过去一年工作取得的成绩，同时，对今后工作提出了五点要求。2004 年 1 月 9 日，农业部人事劳动司司长梁田庚在全院工作会议闭幕式上，就加强干部管理和人才队伍建设问题做了讲话，明确提出正所局级干部任免权统一由部管理。

2006年3月7日，农业部危朝安副部长来中国农业科学院座谈了解科技体制改革、国家农业科技创新体系建设等情况。同时，为加强对中国农业科学院的领导，先后调整并加强院领导班子建设。

2004年8月12日，经农业部党组会议研究决定，雷茂良任中国农业科学院副院长、党组成员；免去王运浩的中国农业科学院副院长、党组成员职务。

2005年8月3日，农业部党组会议研究决定，罗炳文任中国农业科学院党组副书记兼机关党委书记。

2007年12月28日，经部党组会议研究决定，唐华俊任中国农业科学院副院长、党组成员；免去章力建中国农业科学院副院长、党组成员职务。

2008年5月7日，中国农业科学院召开党政负责干部大会。会上，农业部党组成员、人事劳动司梁田庚司长宣读了中央《关于任命薛亮担任中国农业科学院党组书记（副部长级）的决定》和农业部党组《关于翟虎渠兼任中国农业科学院党组副书记的决定》（中共中央〔2008〕163号）。农业部领导到会并做了重要讲话。

2010年2月5日，中国农业科学院宣布党组纪检组领导班子和成立监察局等。以上措施，确保了中国农业科学院科技体制改革与发展沿着正确方向持续健康的发展。

2010年10月19日，经部党组会议研究决定，王韧任中国农业科学院副院长、党组成员，免去雷茂良中国农业科学院副院长、党组成员职务。

第二节　科研工作持续创新发展

一、领导视察

期间，党中央、国务院领导及农业部、科技部等高度重视中国农业科学院的科研工作。

2005年1月17日，中共中央总书记胡锦涛陪同朝鲜劳动党总书记金正日来中国农业科学院作物科学研究所视察。10月13日，中共中央政治局常委、全国人大常委会委员长吴邦国来中国农业科学院视察。3月26日，副总理回良玉专程来中国农业科学院考察，听取工作汇报并座谈。10月25日，国务院总理温家宝、副总理回良玉以及农业部杜青林部长听取了"十五"期间中国农业科学院取得重大科技成果的汇报。

2006年1月5日，国务院副总理、全国高致病性禽流感指挥部总指挥回良玉到中国农业科学院哈尔滨兽医研究所考察，并转达党中央、国务院和胡锦涛总书记、温家宝总理对科研人员和干部职工的亲切慰问。

2004年2月4日，国务委员陈至立在科技部、农业部领导陪同下来中国农业科学院考察工作，听取汇报并座谈。2004年2月5日，农业部召开部常务会议，听取中国农业科学院工作汇报。2月11日，科技部程津培副部长、鹿大汉副秘书长等一行来中国农业科学院考察，并听取工作汇报。3月31日，农业部杜青林部长在黑龙江省申立国副省长等陪同下，到中国农业科学院哈尔滨兽医研究所考察。杜部长对全所职工在当年防控禽流感战役中做出的贡献给予表扬，并向全所职工表示慰问。7月12日，农业部杜青林部长、韩长赋常务副部长等，在中国农业科学院召开专家座谈会，听取院士、专家的意见与建议。

二、重要成果

"十五"以来，在有关部委大力支持下，中国农业科学院面向国家重大需求和科技自身发展，积极承担国家重大科技专项、科技支撑计划、"863"计划、"973"计划、国家自然科学基金项目以及部门科技重点项目（专项）等，依托国家重点实验室、部门重点实验室、工程技术（研究）中心、野外科学观测研究站等平台，开展深入研究与开发，取得了重要进展与突破。2004 年 3 月 11 日，哈尔滨兽医研究所研制成功 H5N1 亚型禽流感灭活疫苗和 H5 亚型禽流感重组禽痘病毒载体疫苗两种具有国际先进水平的高效、安全、新型禽流感疫苗。2006 年 2 月 27 日，哈尔滨兽医研究所研制的"H5 亚型禽流感灭活疫苗"和中国水稻研究所选育的优质超级杂交稻组合"国稻 1 号"等 8 项技术，被人民日报社主办的《中国经济周刊》推选为 2005 年中国十大自主创新技术。2008 年 1 月 20 日，我国著名大豆育种家王连铮研究员主持育成的高产高油大豆新品种"中黄 35"入选 2007 年中国十大科技进步新闻。

在基础研究和应用基础研究工作上取得一定进展。2003 年 4 月 10 日，水稻功能基因研究成果分别在 *Nature* 和 *Plant Cell* 发表。在世界上首次克隆出增加水稻穗粒数的高产基因，并以此培育出高产、抗倒伏的新型超级稻品种，这一成果在 *Science* 发表。2005 年 6 月 24 日，我国 H5N1 亚型禽流感病毒对哺乳动物致病性研究成果论文在《美国科学院院刊》发表，引起国际科学界的高度重视。2009 年 3 月 22 日，中国水稻研究所与中国科学院遗传所团队等，从中国超级稻品种中成功分离出控制水稻产量的一种名为"DEPI"的关键基因，并在世界上首次对这一基因进行了成功克隆，刊登在英国 *Nature Genetics* 杂志上。2011 年 8 月 29 日，*Nature Genetics* 发表了白菜全基因组研究论文，这是蔬菜花卉研究所、油料作物研究所、深圳华大基因研究院主导下，由中、英、韩、加、美、法、澳等组成的协作组共同完成。2010 年 5 月 14 日，植物保护研究所转基因抗虫作物对靶标害虫种群演化的调控机理和棉铃虫的区域性可持续控制理论的研究成果被 Science 杂志以封面文章刊发。

"十五"以来，中国农业科学院还取得了一批具有世界先进水平的重要科技成果。据统计，以第一完成单位名义，获国家技术发明奖二等奖 3 项、国家科学技术进步奖一等奖 6 项、二等奖 45 项。新审定品种 545 个，获专利 895 项，新兽药证书 65 项。其中，中国农业科学院主持完成的"中国农作物种质资源收集保存评价与利用"（2003.2）、"印水型水稻不育胞质的发现及利用"（2005.1）、"H5 亚型禽流感灭活疫苗的研制及应用"（2005.1）、"中国小麦品种品质评价体系建立与分子改良技术研究"（2008.2）、"矮败小麦及其高效育种方法的创建与应用"（2010.1）等重要成果荣获国家科学技术进步奖一等奖。

中国农业科学院获得一批标志性有重大影响的科技成果[①]，主要有生物技术研究所继研究成功单价及双价抗虫基因后，2002 年创建了两种不同抗虫基因同步表达的融合抗虫基因，对棉铃虫的校正死亡率达 94% 以上。依托棉花研究所建立的棉花高效规模化转基因技术体系平台，将双价融合抗虫基因转移到主栽品种，成功实现了国产转基因抗虫棉的产业化，2001 年单价抗虫棉累计推广面积 1 350 万亩以上，双价抗虫棉累计推广面积约 356 万亩，为棉花防虫高产做出了贡献。2002 年获国家技术发明奖二等奖。

作物科学研究所创建的**"矮败小麦"**轮回选择育种技术平台，

---

① 所列科研成果来自牛盾主编，信乃诠、石燕泉副主编的《1978—2003 年国家奖励农业科技成果汇编》，中国农业出版社，2004 年

可以使数十个甚至上千个亲本的基因进行大规模的反复交流与重组，并不断优化，进而使群体得到改良，成为新品种"加工厂"，使我国小麦育种走在世界前列。利用该技术已选育的代表性品种"轮选987"，两年国家区试平均比对照增产 14.8%，最高亩产 715 千克。全国上百个单位利用矮败小麦育种技术，选育新品种 42 个，推广面积 1 亿多亩。2010 年获国家科学技术进步奖一等奖。

哈尔滨兽医研究所研制的 **H5N2 禽流感疫苗**，在防控 2004 年高致病性禽流感暴发中发挥了重要作用。还继承研制出 H5N1 基因重组禽流感灭活工程疫苗、H5 亚型禽流感—新城疫重组二联活疫苗等具有世界领先水平的疫苗和防控技术。分别在 2005 年和 2007 年获国家科学技术进步奖一等奖、国家技术发明奖二等奖。

兰州兽医研究所依靠长期的技术储备和应急能力，在 2005 年我国多个省份家畜口蹄疫亚洲 1 型暴发时，仅用了 3 个月时间就研制出口蹄疫亚洲 1 型疫苗，为防控口蹄疫做出了重大贡献。

第三节　加快科技开发与服务"三农"

2003 年 2 月 27 日，农业部在人民大会堂召开全国"农业科技年"新闻发布会，动员全国农业科研、技术推广单位和农业高等院校大力推广和转化农业科技成果。3 月 5 日，中国农业科学院成立了"农业科技年活动"领导小组，翟虎渠任组长，刘旭任副组长，办公室设在科技局。组织院属研究机构结合国家、部门重点科研、推广项目和转化平台，推广农作物新品种、新技术及优良高产栽培技术，还有畜禽新品种和配套饲养技术、疫病防控技术，取得显著的经济与社会效益。

一、成果推广

"十五"以来，中国水稻研究所选育出"协优 9308""国稻 1号""国稻 6 号"等超级稻新组合。其中"协优 9308"平均亩产789 千克，最高单产达 818 千克，已在长江中下游地区大面积种植。作物科学研究所利用矮败小麦轮回选择育种技术已育成的新品种"轮选 987"，两年国家区试平均比对照增产 14.8%，最高亩产 715千克。全国利用矮败小麦育种技术，选育新品种 42 个，推广面积 1亿多亩。

生物技术研究所 2002 年创建了两种不同抗虫基因同步表达的融合抗虫基因，对棉铃虫的校正死亡率达 94% 以上，依托棉花研究所建立的棉花高效规模化转基因技术体系平台，将双价融合抗虫基因转移到主栽品种，成功实现了国产转基因抗虫棉的产业化，2001 年单价抗虫棉累计推广面积 1 350 万亩以上。

哈尔滨兽医研究所研制的 H5N2 亚型疫苗，2004 年在扑灭我国发生的高致病性禽流感中发挥了重要作用。H5N1 基因重组禽流感灭活工程疫苗首次成功解决了水禽缺乏有效禽流感灭活苗这一世界性难题，两种疫苗累计推广使用 40 亿份以上，直接经济效益 3.5 亿元，减少经济损失 318 亿元。

2007 年 3 月 30 日，农业部召开全国农业科技推广标兵表彰视频会议。中国农业科学院屈冬玉、农业资源与农业区划研究所金继运、北京畜牧兽医研究所王加启、作物科学研究所韩天富、中国水稻研究所程式华、棉花研究所刘金海 6 位同志，由于在科研和技术推广工作中做出突出贡献，被评为全国农业科技推广标兵。在表彰视频会议上，中国农业科学院及 12 家科研教学单位向全国发出倡议——《全国农业科技人员积极行动，合力推进现代农业建设》。

2011 年 1 月 25 日，中国农业科学院获 2008—2010 年度全国农牧渔业丰收奖 12 项，其中一等奖 3 项，二等奖 6 项。作物科学研究所肖世和获农技推广贡献奖。中国水稻研究所项目获农技推广合作奖。

二、推广活动

1. 牵头组织

围绕农业部的中心工作，中国农业科学院领导和院属科技人员举办各种展示（销）会、现场观摩会、技术讲座、技术培训活动。

2003 年 8 月 10 日，在山东省举办了 2003 年全国抗虫棉现场观摩会。8 月 23—24 日，在安阳召开了中国农业科学院国产转基因抗虫棉现场展示会。9 月 25—30 日，召开了棉花研究所种子公司成立大会和棉花种子展示会。10 月 18 日，举办了第七届中国（廊坊）农产品、优良品种交易会。10 月 29—31 日，举办了中国淮安优质稻米博览交易会暨首届中国稻米论坛。

2004 年 4 月 24—28 日，在江苏常熟、浙江富阳开展"科技之春"水稻技术推广活动。向当地农民发放技术模式图 1 500 套和技术图书、手册 5 400 册。直接培训农民 5 500 人，培训技术骨干 250 人，间接培训农民 3 万人。5 月 10—12 日，在牡丹江市开展"科技之春"大豆技术推广活动。10 月 18—20 日，参展第八届中国（廊坊）农产品交易会，并在中国农业科学院国际农业高新技术产业园成功举办分会场，设立了 12 个展室（厅），共提供展板 300 余块，推广新成果和新产品近 400 项，展示实物和新技术 300 多种（项），分发书籍、期刊 2 000 余册，宣传资料 1 万余份。

2005 年 9 月 19 日，农业部种植业司主办、中国农业科学院与全国农技推广中心联合承办了全国测土配方施肥试点补贴资金项目技术培训。10 月 18—24 日，参加第五届运城农业新技术新产品展示展销会。10 月 20—24 日，在河北廊坊举办第九届中国（廊坊）农产品交易会暨 2005 年中国国际农业博览会。

2006 年 9 月 26 日，在河北廊坊市举办第十届中国（廊坊）农产品交易会。

2008 年 3 月 26—28 日，在辽宁锦州市参加第十二届中国（锦州）北方农业新品种新技术展览会。

2. 与地方合作

与地方人民政府联合举办的各种展示（销）会、现场观摩会、技术讲座、技术培训活动。

2002 年 3 月 5 日，中国农业科学院与辽宁省人民政府共同主办，由锦州市等 7 市人民政府共同承办的第六届中国（锦州）北方农业新品种、新技术展销会。

2003 年 3 月 3—5 日，与辽宁省人民政府共同主办第八届中国北方（锦州）农产品展示展销会。10 月 19 日，由中国农业科学院、山西省运城市政府、山西省农业厅共同主办第三届运城农业新技术新产品展示展销会。

2004 年 3 月 3—5 日，与辽宁省人民政府共同主办了"第八届中国北方（锦州）农产品展示展销会"。10 月 20—24 日，与运城人民政府共同举办"第四届农业新技术、新产品展示展销会"，并进行了科技成果发布和技术讲座。

2005 年 3 月 7—9 日，与辽宁省政府共同主办，锦州市政府承办第九届中国（锦州）北方农业新品种新技术展销会。4 月 24 日，和湖北省政府共同主办优质油菜新品种现场展示会，现场展示"中双 9 号""中双 10 号""中油杂 11 号"等新品种优良高产示范方案及高产栽培相关配套技术。

2008 年 10 月 20—24 日，与山西省运城市人民政府在运城共同举办第八届农业新技术新产品展示展销会暨第二届苹果文化节。

2009 年 3 月 25—27 日，与辽宁省人民政府联合主办第十三届中国（锦州）北方农业新品种、新技术展销会。10月24日，由中国农业科学院和江苏省人民政府特别支持，江苏省农业科学院和宿迁市人民政府联合主办中国·宿迁生态农业博览会。

2010年3月10—12日，由中国农业科学院、辽宁省政府共同举办第十四届中国（锦州）北方农业新品种、新技术展销会。4月20日，联合在山东省寿光市举办第十一届中国（寿光）国际蔬菜科技博览会。7月12—13日，与甘肃省人民政府主办、张掖市承办"绿洲论坛"，并为"中国农业科学院试验示范基地""张掖绿洲现代农业试验示范区"揭牌。

3. 扶贫救灾

中国农业科学院参与科技扶贫和抗震救灾。2003年9月13日，刘旭副院长率队到湖北恩施州开展中国农业科学院定点科技扶贫活动。

2006年5月18—25日，中国农业科学技术出版社参加中宣部、科技部等七部委举办的"振兴陕北服务'三农'科技列车延安行"大型活动，向8个贫困县的16个乡镇捐赠及低价供书33 320册，共计65万元。8月31日，由科技部、中国农业科学技术出版社共同组织编写、中国农业科学技术出版社出版的《新农村建设系列科技丛书》（100种）首发式及赠书仪式在河北省香河县举行。

2008年6月3日，中国农业科学院首批由不同专业15名科技人员组成7个专家组，前往四川地震灾区，与四川省农业科学院专家组，深入灾区一线，实地考察，制订农业生产恢复重建方案并提供技术支撑。11月4日，唐华俊副院长率队参加由科技部在四川成都召开的地震灾后恢复重建科技特派团对口帮扶工作实施启动会。

2009年2月16—19日，为落实中国农业科学院与四川崇州市签订的地震后恢复重建科技特派团对口帮扶计划，唐华俊带领中国农业科学院6个所13位专家，为当地农技人员、返乡农民工和种养大户等进行科技培训。6月5日，中国农业科学院被科技部授予"全国科技特派员工作先进集体"称号。

第四节　国际科技合作与交流扩展

随着我国改革与发展进入新阶段，中国农业科学院对外科技交流与合作非常活跃，2003—2011年，"请进来""走出去"，合作研究取得了新进展。

一、来　访

在"请进来"方面，翟虎渠等主要领导先后接待来访的国家访团及重要领导人、国际组织主要如下。

2002年，欧盟驻华使团、加拿大滑铁卢大学、韩国农村振兴厅、美国农业部、日本农山渔村文化协会、国际植物遗传资源研究所、孟加拉国农业部、日本前首相桥本龙太郎、美国农业部农业研究局、国际粮食政策研究所、美国爱尔华农民协会。

2003年，世界银行驻中国代表处、国际玉米小麦研究中心、英国驻华大使、印度国家农业科学院、阿根廷农业部。

2004年，国际马铃薯中心、加拿大农业与农业食品部、孟加拉国农业部、斯里兰卡农业部、乌拉圭农牧渔业部、阿根廷国务秘书、泰国科技部、印度农业科学院、保加利亚农林部、联合国粮农组织。

2005年，联合国环境规划署、世界银行驻华代表、荷兰农业大臣、朝鲜农业科学院、欧盟部长级农业委员、联合国粮农组织、国际水资源研究所、法国农业科学院、俄罗斯杜马农业委员会。

2006年，阿根廷农业技术研究院、国际挑战计划项目主任、欧盟农业与农村发展总司、美国俄勒冈州立大学、美国前国务卿基辛格博士、荷兰瓦赫宁根大学。

2007 年，国际马铃薯中心、比尔及梅琳达·盖茨基金会主席、联合国粮农组织、马来西亚森达美集团公司、联合国世界粮食计划署、保加利亚农林部、阿尔巴尼亚农业部。

2008 年，挪威农业与食品部、美国俄勒冈州立农学院、国际水稻研究所、俄罗斯瓦维洛夫植物栽培研究所、南非农业研究委员会、阿根廷科技与生产创新部、保加利亚农业与食品部、巴西农业科学院、哥斯达黎加科技部、美国科罗拉多州立大学、法国驻华使馆。

2009 年，英国伯明翰大学、美国孟山都中国研究中心、美国孟山都国际奖学金项目评委会、塞尔维亚农业林业和水资源管理部、国际水稻研究所、日本国际水产业研究中心、格鲁吉亚农业科学院、英国农业部、国际半干旱地区热作所和国际干旱农业研究中心、国际食物政策研究所、美国杜邦公司、阿根廷农牧业技术研究院、澳大利亚阿德莱德大学、丹麦奥尔胡斯大学、澳大利亚昆士兰大学、国际玉米小麦改良中心、汤森路透科技集团、孟山都公司、法国农业科学院植物和植物制品科技局、日本国际农林水产中心、国际农业研究磋商组织、阿根廷外交部农业特使。

2010 年 10 月以前，国际马铃薯中心、美国第一太阳能公司、法国参议员、法国食品卫生安全署、美国俄亥俄州立大学、委内瑞拉农业发展部、联合国亚太农业工程与机械中心、英国诺丁汉大学、埃及农业部、墨西哥农业牧业乡村发展渔业和食品部、拜耳作物科学公司、法国国家食品环境及劳动卫生署、阿根廷农业科学院、印度农业研究理事会、法国农业科学院、国际原子能机构食品与农业核技术公司、美国艾奥瓦州立大学、南非农业研究委员会、亚洲开发银行、罗马尼亚农林科学院、国际生物多样性中心、比利时列日大学、德国联邦作物研究中心等。

二、出　访

在"走出去"方面，院领导应邀出访国家、国际组织和公司企业主要如下。

2002年，国际水稻研究所、国际应用生物科学中心（英国）、法国农业科学院、国际植物遗传资源研究所（意大利）。

2004年，越南科技部、缅甸农业部、印度农业科学院、埃及、国际干旱地区农业研究中心、国际农业研究磋商组织（肯尼亚）、朝鲜农业科学院、日本、马来西亚、美国、加拿大、瑞典、丹麦、印度、斯里兰卡。

2005年，韩国、日本、欧盟、德国、埃及。

2006年，荷兰、葡萄牙农业科学院、希腊农业研究基金会、保加利亚农业科研中心。

2007年，巴西、阿根廷、马来西亚、波兰、俄罗斯。

2008年，澳大利亚、新西兰、菲律宾、以色列列本—古里安大学、北爱尔兰农业食品与生物科学研究院。

2009年，韩国、加勒比开发银行、牙买加农业部、巴哈马农业部、意大利、比利时、叙利亚农业研究院、墨西哥。

2010年，波兰、奥地利、巴西农牧研究院、匈牙利、越南农业和农村发展部。

2011年10月以前，智利、巴西、英国、瑞士、乌克兰、菲律宾、芬兰农林部、俄罗斯农业科学院、泰国、肯尼亚、坦桑尼亚等。其中翟虎渠院长及率团先后出访欧美、东南亚、南美的40多个国家、国际组织及企业的农业科研、大学及相关机构等。

三、科技合作

2002年2月至2011年11月，中国农业科学院先后与美国、加拿大、澳大利亚、法国、意大利、荷兰、俄罗斯、日本、印度和联合国粮农组织、联合国开发计划署、国际农业研究磋商组织及下属研究机构等签订了科技合作协议，与美国、日本、荷兰及国际玉米小麦改良中心、国际畜牧研究所等共建联合实验室、研究中心，成立了 APEC 农业技术合作牵头人办公室，负责组织相关项目与国际合作重要活动。通过 13 个国际组织在华建立的办事处，为全国 20 多个省、自治区、直辖市农业科研、教学等单位参加国际农业研究磋商组织挑战计划，获得合作项目和经费支持。组织实施比尔及梅琳达·盖茨基金会"绿色超级稻项目"以及组织申请其他各类合作项目，争取得到支持。

四、国际会议

先后在我国召开或承办一系列国际农业会议，主要有：国际水稻大会（2002.9）、"农业科技：现在与未来"国际研讨会（2004.7）、外来入侵生物预防与控制技术发展战略国际会议（2004.11）、第九届亚洲玉米大会（2005.9）、国际畜牧业发展大会（2005.4）、国际农业研究磋商组织年度大会（2007）、世界大豆研究大会（2009）等。主办的大会有：全球农业科学院院长论坛（2006.10）、中欧生物经济科技研讨会（2007.7）、第二十届国际小麦族作图大会暨第二届中国小麦基因组大会（2010.9）、APEC 地区粮食生产能力与粮食安全国际研讨会（2010.9）、第二届全球农业科技大会（2011.10）等，扩大了中国农业科学院的国际影响力。

第五节　人才队伍建设与研究生工作

2002 年以来，中国农业科学院深化人事制度改革，不断完善岗位聘任制、实行专业技术职务评聘制度、建立岗位津贴和绩效工资制度，为科研创新人才成长和调动广大职工的积极性创造了良好的工作环境。

同时，为加强正所（局）级干部的选拔和管理，从 2004 年起正所（局）级干部由农业部党组研究决定。2005 年 5 月任免：畜牧研究所、生物技术研究所、后勤服务中心主任、后勤服务中心党委书记。2006 年任免：植物保护研究所所长，农田灌溉研究所所长，兰州兽医研究所（中国动物卫生与流行病学中心兰州分中心，以下简称为分中心）党委书记，上海兽医研究所（上海分中心）所长（主任）、党委书记，哈尔滨兽医研究所（哈尔滨分中心）所长（主任）、党委书记，特产研究所所长、党委书记，农产品加工研究所所长、党委书记，蔬菜花卉研究所所长、党委书记。2007 年任免：院科技局局长，财务局局长，基建局局长，监察与审计局局长，北京畜牧兽医研究所（北京分中心）党委书记，农业环境与可持续发展研究所党委书记，农业资源与农业区划研究所党委书记，农业信息研究所所长、党委书记，饲料研究所所长、党委书记，农田灌溉研究所党委书记，棉花研究所所长、党委书记，兰州畜牧与兽药研究所所长、党委书记，中国水稻研究所所长、副所长、党委副书记，茶叶研究所所长、党委书记，上海兽医研究所（上海分中心）党委书记，环境保护科研监测所党委书记。2008 年任免：草原研究所所长、党委书记，农业质量标准与检测技术研究所所长、党委书记，烟草研究所所长、党委书记，农业机械化研究所所长、党委书记，农产品加工研究所党委书记，沼气科学研究所所长、党委书记，果树研究所所长，环境保护科研监测所所长。2009 年任免：农业环境与可持续发展研究所所长、党委书记，农业资源与农业区划研究所所长，油料作物研究所所长、党委书记。2010 年任免：哈尔滨兽医研究所（哈尔滨分中心）党委书记，植物保护研究所党委书记（试用一年），农产品加工研究所所长，农业经济与发展研究所所长、党委书记，农业信息研究所党委书记，研究生院党委书记、常务副院长，果树研究所党委书记。2011年任免：后勤服务中心主任、党委书记，蔬菜花卉研究所党委书记，农田灌溉研究所所长、党委书记，郑州果树研究所所长、党委书记，兰州兽医研究所（兰州分中心）所长、党委书记。以上各研究所（中心）党委书记均由农业部及所属单位提拔调入。

中国农业科学院自筹资金启动实施了"杰出人才工程"，向海内外招聘杰出人才。2002年6月23—24日，中国农业科学院首批杰出人才评审会在北京召开。7月30日，举行杰出人才聘任仪式，翟虎渠院长向国内外应聘的83名科学家发放聘书。2003—2005年两度评审，初步选出一级岗位杰出人才43人，二级岗位杰出人才124人，三级岗位杰出人才436人。其中2004年入选国家新世纪百千万人才工程国家级人才有9名。国家首批"海外高层次人才创新创业基地"，落实中央"千人计划"人选5人。获得国家杰出青年科学基金项目4人、国家重点基础研究发展计划课题首席科学家5人，国家重点基础研究发展计划课题和国家高技术研究发展计划项目负责人54人，获得国家科学技术进步奖14人，获得"中国科学家奖"称号4人，获得中华农业英才奖3人。陈宗懋、刘旭、喻树迅、吴孔明当选为中国工程院院士。

为提高各类人员创新能力和管理水平，加强研讨与专业培训工作，2002年10月，中国农业科学院在中央农业干部教育培训中心举办所局级领导干部培训班。2006年7月28日至8月4日，经党中央批准，以党中央、国务院名义邀请部分农业科学家、基层农业科技人员和农村实用人才代表到北戴河休假。中国农业科学院参加人员：翟虎渠、卢良恕、董玉琛、郭予元、信乃诠、贾继增、喻树迅、陈化兰，他们受到中共中央政治局委员贺国强、国务委员陈至立的亲切接见。2009年举办优秀科研团队首席科学家培训及赴宁夏考察咨询活动。2011年4月在江西井冈山举办党务干部培训班。2009年、2010

年，在加拿大圭尔夫大学举办了两期海外学科专业与英语强化培训，每期3个月。此外，从2004年起，每年京区单位接收的研究生、应届高校毕业生都举办岗前培训班，进行爱国、爱院教育。

中国农业科学院研究生院实现了快速发展。2004年9月12日，研究生院建院25周年庆祝大会在京举行。至2010年研究生院招生博士生217人，硕士生643人，在校海外留学生58人。在校全日制研究生规模达到3871人。拥有博士生导师500余人，硕士生导师1300余人。拥有7个博士一级学科和44个博士授权点，8个硕士一级学科和56个硕士授权点。教学条件改善，师资水平有所提高，有一定的社会影响力。

第六节　大幅增加投入与加强平台建设

据统计，"十五"至"十一五"国家对中国农业科学院的基建财政总投资高达26.2亿元，是建院以来投资最多的一个时期，对科研平台建设和条件改善起了至关重要作用。在翟虎渠等院领导主持下，2002年3月15日，召开院长办公会，听取"中国农作物基因工程与基因改良重大科学工程"建设进展情况汇报。2003年9月28日，重大科学工程项目通过最后一道质量验收。与该项目配套的农作物基因工程技术实验楼建设方案落地。2010年12月5—6日，重大科学工程项目通过国家发改委主持的验收会。2009年11月18日，院领导主持院图书馆暨国家农业图书馆工程开工典礼。2010年2月1日，院领导对在建国家农业图书馆项目施工现场进行视察，并对总包工单位和监管人员进行慰问。9月25日，依托植物保护研究所建设的国家农业生物安全科学中心工程举行开工典礼。

2007年6月14日，中国农业科学院在武汉召开基本建设现场交流会。主题是"交流经验，拓展思路，加强管理，跨越发展"，推进科研平台和条件建设。新建院部办公大楼以及哈尔滨兽医研究所、上海兽医研究所、棉花研究所、特产研究所、麻类研究所、烟草研究所新区。农业质量标准与检测技术研究所、油料研究所、茶叶研究所、果树研究所、郑州果树研究所、兰州兽医研究所、农田灌溉研究所、农业经济与发展研究所、农产品加工研究所、农业资源与农业区划研究所等科研大楼。其他研究所的科研、实验设施进行了修缮改造，院所面貌发生了很大变化。

新建了一批科技园区和试验基地。2003年3月2日，翟虎渠等院领导听取国际农业高新技术产业园（万庄）管委会建设工作汇报。5月26日，到廊坊检查高新技术产业园建设情况。2005年2月18日，到廊坊高新技术产业园考察，并就重点建设项目召开现场办公会。2010年5月16日，到廊坊高新技术产业园现场办公并检查工作，对产业园建设发展提出具体要求。2010年5月13日，翟虎渠会见新乡市王晓然副市长一行，就中国农业科学院新乡综合试验基地建设进行讨论交流，达成共识。10月26—27日，在新乡召开综合试验基地工作会议，考察实验楼等工程项目，了解田间试验区建设和入驻研究所工作情况。此外，还在海南、黑龙江农垦区等地建设了一批院级试验园区、基地等。

同时，还加强了土地开发工作。2002年3月11日，翟院长率全体院领导和机关有关负责人到马连洼三所召开现场办公会，研究三所所区规划及土地开发问题。6月17日，院长办公会研究加快寰太大厦建设问题。2003年8月18日，举行寰太大厦开业仪式。2004年12月27日，向北京市发改委汇报中国农业科学院东门内外土地开发规划。还利用院部内外周边土地盖房转让租赁，以弥补事业费的不足。

第七节　迎来建院 50 周年

2007 年 8 月 23 日，中国农业科学院 50 周年院庆特别网站正式开通。9 月，先后举办了建院 50 周年大型送科技下乡、大型文艺晚会和职工运动会等活动。

2007 年 11 月 10 日，中国农业科学院 50 周年庆祝大会在北京京西宾馆隆重举行。中共中央政治局委员、国务院副总理回良玉出席大会，向中国农业科学院 50 周年华诞表示热烈祝贺，向中国农业科学院全体职工，并向全国广大农业科技工作者表示崇高的敬意和亲切的问候，向所有关心支持中国农业科技事业的各界人士表示衷心的感谢。全国人大常委会副委员长乌云其木格、全国政协副主席李兆焯出席大会。大会由农业部部长主持。

回良玉在讲话中指出，中国农业科学院 50 年来，认真贯彻执行中央关于"三农"工作部署和科技工作方针，坚持服务"三农"方向，培养造就了一大批卓有成就的农业科学家，取得了一大批国内外领先的原创性科技成果，为推动农业科技进步，提高农业综合生产能力，保障国家粮食安全和食物供给，实现人民生活达到总体小康水平的历史跨越，做出了重要贡献。

回良玉希望，在新的历史时期，中国农业科学院作为我国农业科技进步的排头兵、重大农业科技研发的主力军、"三农"问题研究的学术重镇、农业发展重要的人才摇篮，要抓住难得机遇，加快发展步伐，努力多出一流的科技成果，培养一流的创新人才，创造一流的工作业绩，办成世界一流的农业科研机构，带动全国农业科技事业的跨越式发展。

回良玉提出几点要求：第一，要大力强化农业的科技自主创新；

第二，要大力加强农业科技人才队伍建设；第三，要大力推进科技成果的转化应用；第四，要大力开展农业科技的国际合作与交流。

接着，中国农业科学院院长翟虎渠讲话。他说，50年来，经过几代人的努力，中国农业科学院综合实力不断增强，创新能力不断提高，已发展成为在国际上有影响的国家农业创新基地。50年光辉岁月，涌现出一批批杰出的代表人物，有23位两院院士先后在中国农业科学院工作，有丁颖、金善宝等新中国农业科技的奠基人，有邱式邦、庄巧生、卢良恕等为中国农业科技发展做出重要贡献的著名科学家。近年来，又有郭三堆、喻树迅、陈化兰等一大批中青年杰出人才奋斗在农业科技前沿。

50年的改革发展，中国农业科学院拥有39个研究所和一个研究生院、一家出版社。建成了5个国家重点实验室、20个部级重点实验室、29个国家与部级质量监督检测中心、13个国家农作物改良中心、分中心，拥有保存量居世界首位的国家农作物种质资源库、亚洲最大的国家农业图书馆及我国农业领域唯一的国家重大科学工程。逐步形成了人力资源雄厚、综合实力较强的国家农业科技创新中心。

建院50年来，中国农业科学院共取得各类科技成果近5 000项，获奖成果2 359项。创立了水稻、小麦品种光温反应特性理论，发现并建立了蝗虫、黏虫、小麦条锈病等重大病虫害流行规律和防治技术体系；突破了杂交水稻、超级稻、杂交玉米、转基因抗虫棉、矮败小麦、杂交油菜、畜禽疫病基因工程疫苗等重大核心技术；取得了农作物新品种培育，中低产田改造，畜禽良种繁育、集约化养殖，畜禽胚胎分割、胚胎移植、性别控制，猪瘟、牛瘟、马传贫、口蹄疫、禽流感疫苗等一大批科研成果，为我国农业科技率先跨入世界先进行列奠定了坚实的基础。

经过50年的发展，中国农业科学院已与世界上60多个国家及20多个国际组织和有关农业研究机构建立了广泛的联系和科技合作。通过这些机构获得的国际合作项目已覆盖到全国 20 多个省（区、市）的农业科教单位，并形成了较大规模的农业科技国际合作网。

建院 50 年来，中国农业科学院为社会培养和输送了大批优秀科技创新人才，他们辛勤工作在各自的岗位上，为我国农业科技事业的发展做出了重要贡献。中国农业科学院是农业科研机构中唯一具有博士学位授予权的单位，拥有 40 个博士授权点、52 个硕士授权点、8 个博士后流动站；博士生导师 350 余人，硕士生导师 1 000 余人，已培养博士和硕士研究生 3 000 余人，为社会培养和输送了大批优秀科技创新人才。

翟虎渠在总结 50 年发展的历史经验后表示，50 年庆典是辉煌历史的检阅，更是新征程的开始。中国农业科学院全院职工与全国农业科技工作者一道，继往开来，风雨同舟，励精图治，共同担负起使我国农业科技率先进入国际先进水平的重任，再创中国农业科学院更加灿烂辉煌的明天。

庆祝大会前，回良玉副总理等会见了农业科技界两院院士代表，并参观了全国农业科技成就展。会上，李家洋院士代表中国科学院、中国工程院致贺词，中国工程院院士董玉琛作为科学家发言。会上还为在中国农业科学院工作 50 年的职工代表和从事农业科技工作 50 年以上的资深科技工作者代表颁发了荣誉证书。大会当天下午，举行了中国农业科学院建院 50 周年学术报告会。

参加庆祝大会的领导和来宾还有科技部、中央政策研究室、国务院研究室、国家发展改革委、农业部、卫生部、国土资源部、中国科协、国家自然科学基金委员会、中国气象局、国家质检总局、外国专家局、国家林业局、烟草专卖局和北京市、天津市及有关部门领导，农业部、中国农业科学院老领导和全国农业高等院校、农业科研机构的代表、部分涉农企业的代表。

第九章 全面深化改革与跨越发展
（2012—2017 年）

2011 年 10 月 9 日，国务院（国人字〔2011〕117 号）通知，任命李家洋为农业部副部长、中国农业科学院院长；免去翟虎渠同志的中国农业科学院院长职务。2012 年 9 月 27 日，中共中央（中委〔2012〕261 号）通知，陈萌山同志任中国农业科学院党组书记（副部长级），免去薛亮同志的中国农业科学院党组书记职务。

在国家加快农业科技创新与深化科技体制改革的新形势下，新一届院领导班子科学谋划新时期中国农业科学院"跨越发展"的新思路、新举措，提出"建设世界一流农业科研院所"的战略目标，谋划并启动实施"中国农业科学院科技创新工程"，分为试点探索期、调整推进期和全面发展期 3 个阶段，按"3+5+5 年"梯次推进。通过 3 年试点探索期的实施，带来了全院体制再造、机制创新，研究方向和目标更加聚焦。2016 年进入为期 5 年的调整推进期，推动中国农业科学院到 2020 年初步建成"世界一流农业科研院所"，成为强力支撑我国世界农业大国地位的农业科研国家队。

积极应对国家财政科技计划管理改革，牵头国家农业科技创新联盟建设，大力开展科技创新，重大科研成果不断涌现，科研立项与产出实现。2011—2016 年双跨越。全院主持各类国家项目 2 379 项，原始创新能力加快提升，在 *Nature*、*Science* 等期刊上发表论文 43 篇，支撑产业升级成果丰硕，审定农作物品种 600 余个，授权专利 5 108 项。中国农业科学院作为成果第一完成单位，共获国家科技奖励成果 34 项，占同期全国农业领域授奖成果比重的 20%。其中，国家科学技术进步奖 27 项，国家技术发明奖 6 项，国家自然科学奖 1 项，实现了国家"三大奖"全覆盖。

开展种业权益改革试点，加快全院科技成果转化应用，提升全院产业开发水平。启动实施农产品绿色增产增效模式研究示范行动，构建一系列可复制可推广的技术生产模式，不断提升我国农产品的国际竞争力。大力开展科技兴农活动，服务地方经济发展。全院共组织推广新品种 1 300 个、新产品 976 个、新技术 1 731 项，推广科技成果总面积 30.7 亿亩，推广畜禽 13.2 亿头（羽）。

人才队伍建设取得丰硕成果。李家洋当选德国和英国外籍院士，唐华俊、万建民当选中国工程院院士。启动实施"青年英才计划"及其科研英才培育工程，引进优秀青年人才 154 名，遴选青年科研英才 400 名。深化干部人事与职称评审制度改革，首次面向全球公开招聘植物保护研究所所长，开展院机关干部全员竞聘，下放副高评审权，开辟优秀青年人才职称晋升"绿色通道"。研究生与博士后教育实现规模、质量双提升，在读研究生总数达到 4 400 余人，在站博士后人数突破 400 人。

中国农业科学院国际合作与交流服务于国家外交战略和"一带一路"倡议，积极实施农业科技全球战略布局，务实推动农业"走出去"，实现了从强化国际科技创新能力建设到全方位融入国际农业科技圈的过渡，国际影响力和声誉不断持续提升。其中，2012 年中—巴（巴西）农业科学联合实验室在巴西揭牌成立，是全国在海外建立的第一个农业科学联合实验室，标志着我国农业科技实施全球布局迈出了重要一步，具有里程碑意义。

2016年2月29日至4月29日，根据中央统一部署，中央第八巡视组对中国农业科学院党组开展专项巡视。6月2日，中央第八巡视组向中国农业科学院党组反馈专项巡视情况。8月27日，中国农业科学院党组对外通报了专项巡视整改情况。

2012年11月，中国农业科学院院长李家洋当选为中共第十八届中央候补委员。

第一节　建设现代农业科研院所

面对我国现代农业发展的新需求和新一轮农业科技革命的新挑战，把握国家加快农业科技发展的新机遇，以农业部副部长李家洋为院长的新一届院领导科学谋划新时期中国农业科学院"跨越发展"的新思路、新举措。

一、"建设世界一流农业科研院所"战略目标的提出

2012年1月9日，中国农业科学院工作会议在北京召开。李家洋院长作了题为《解放思想、开拓创新、跨越发展》的工作报告。院党组书记薛亮主持会议，院领导王韧、刘旭、罗炳文、李金祥、唐华俊、贾连奇出席会议。李家洋院长在工作报告中指出，中国农业科学院已进入"蓄势待发、跨越发展"的新阶段，未来5~10年，中国农业科学院的发展总目标是：建设世界一流农业科研院所。要按照"引领创新、支撑产业、开放合作、和谐有序"的总要求，全面提升学术水平和影响力，成为国家农业科技创新新思想、新理论、新技术和重大科技命题的策源地；全面提升对高层次科研人才的吸引力和凝聚力，成为国家农业高层次科研人才的培养基地和创新创业基地；全面

提升宏观决策咨询能力，成为国家"三农"问题和农业科技发展战略研究的学术重镇。

经过 5~10 年的建设，要更加凸显中国农业科学院在我国农业科技发展中的引领作用，并逐步达到主导作用，在解决我国农业产业发展全局性、战略性、关键性技术问题上的核心作用，在国际学术界的骨干作用并达到引领作用，支撑我国农业农村经济社会持续发展，带动我国农业科技整体实力率先进入世界前列。要进一步弘扬中国农业科学院的核心价值和精神，将建院 50 多年来积淀的优良科研传统与作风，即严谨求实的科学精神、潜心研究的执着精神、刻苦攻关的奋斗精神、勇攀高峰的创新精神、爱国为民的奉献精神以及具有鲜明时代特征的"祁阳站精神"发扬光大，成为中国农业科学院乃至全国农业科技战线的旗帜和推进农业科技事业发展的强大精神动力。

二、"现代农业科研院所建设行动"的启动实施

2012 年，中国农业科学院正式启动实施"现代农业科研院所建设行动"。5 月 21—23 日，全院现代农业科研院所建设战略研讨会在北京召开，吹响了全面推进现代农业科研院所建设的号角。在深入分析世界一流科研院所基本特征的基础上，提出了"定位明确、法人治理、管理高效、开放包容、评价科学"的现代农业科研院所建设思路。2013 年 1 月，中国农业科学院出台了《关于现代农业科研院所制度建设的指导意见》，加快推进院所组织结构、决策体制、管理机制、评价体系等制度创新。2015 年 7 月 27 日，中国农业科学院在哈尔滨兽医研究所召开现代农业科研院所建设现场交流会，交流研究所推进现代院所建设的好经验、好做法，加快推进全院现代院所建设步伐。

调整优化机关职能与研究所布局。为进一步加强全院科技成果转化工作，2012 年 4 月 6 日，经院党组会议研究并报请农业部批准，决

定成立科技成果转化局，院机关职能部门由 8 个增加到 9 个，分别是：院办公室、科技管理局、人事局、财务局、基本建设局、国际合作局、成果转化局、直属机关党委、监察局。2012 年 1 月 4 日，农业部食物与营养发展研究所获中央编办正式批复设立，是实行理事会制的公益性事业单位。2015 年 7 月，农业基因组研究所和都市农业研究所获中央编办正式批复设立。院属研究所由 31 个增加到 34 个。

顶层设计三级学科体系。2012 年，围绕农业产业发展重大科技需求和世界农业科技前沿，立足全院长期研究积累形成的优势和特色，重新构筑全院学科体系，顶层设计了 8 大学科集群、140 个左右学科领域及研究方向 300 个左右，形成了"学科集群—学科领域—研究方向"三级学科体系框架，从根本上解决了各研究所科研方向分散和部分重复的问题。

开展研究所与学科评价。2012 年，中国农业科学院成立研究所评价领导小组，针对科研工作特点，研究设立了三级评价指标体系，从发展实力、发展速度、人均实力三条主线开展评价。从 2013 年开始，在每年的全院工作会议上对上一年度的研究所评价结果排名前 5 位的研究所进行通报，很好地发挥了引领、导向和激励作用。2013 年开始，中国农业科学院相继启动作物、畜牧、兽医、资源环境等学科的评价工作，研究建立了符合全院学科特点的评价方法及其评价指标体系，为指导学科建设、寻求学科跨越发展路径提供参考依据。

建设美丽院区。为建设与现代科研院所相适应的院区环境，2013 年 2 月 17 日，中国农业科学院成立院区综合管理委员会，研究部署加强院区环境和条件建设，全面提升院区综合管理水平，营造"和谐、文明、优美、平安"的科研环境。经过多年持续不懈努力，通过新建休闲广场，实施道路改造、绿化美化、综合整治等重大工程，院区环境大幅改善，实现了院区管理工作"一年一变样、三年大变样"的目标，为科技创新、推动实现全院跨越发展创造了良好条件。

第二节 实施科技创新工程

一、"科技创新工程"构想的提出

2011年12月27—28日，在北京举行的中央农村工作会议强调把推进农业科技创新作为新时期促进农产品稳定增产和发展现代农业的根本出路，在我国农业科技发展史上具有重大里程碑意义。

2012年2月1日，中共中央、国务院发布了《关于加快推进农业科技创新持续增强农产品供给保障能力的若干意见》（2012年中央一号文件），对依靠科技创新驱动，引领支撑现代农业建设做出了全面部署。7月6—7日，在北京召开的全国科技创新大会明确要求，深化科技体制改革，充分发挥国家科研机构的骨干和引领作用。9月23日，中共中央、国务院印发《关于深化科技体制改革加快国家创新体系建设的意见》（中央六号文件）。11月8—14日，在北京召开的党的十八大明确提出"实施创新驱动发展战略"，把科技创新摆在国家发展全局的核心位置。

为深入贯彻党的十八大提出的创新驱动发展战略，全面落实全国科技创新大会精神，按照中央一号、六号文件的要求，深化科技体制改革，尽快提升国家级科研机构在创新体系中的骨干作用和引领能力，中国农业科学院于2012年年初成立专门工作组，在农业部和财政部的大力支持下，立足全院职能定位和优势特色，谋划提出实施科技创新工程的构想，组织起草了《中国农业科学院科技创新工程实施方案》。

2013年1月16日，农业部和财政部联合批复，同意启动实施中国农业科学院科技创新工程。国务院副总理回良玉对农业部和财政部联合呈报的相关报告做出重要批示，强调"实施中国农业科学院科技创新工程是强化农业科技创新的重大举措，是建设世界一流农业科研院所的重大机遇"，要求加强组织实施，突出体制机制创新，提高创新效率，努力对全国农业科技创新、体制改革发挥先行先试和引导作用，为国家创新体系建设探索新路。

二、"科技创新工程"的启动与试点期实施

2013年1月21日，中国农业科学院正式启动实施科技创新工程。农业部副部长张桃林、财政部教科文司司长赵路出席启动仪式。根据实施方案，科技创新工程的总体思路：立足全院职能定位和优势特色，坚持以"服务产业重大科技需求、跃居世界农业科技高端"为使命，以"建设世界一流农业科研院所"为目标，以全球视野谋划科技开放合作，突出体制机制创新，调整优化学科布局，加强人才团队建设，改善科研条件，全面提升创新能力，更加凸显中国农业科学院改革排头兵、创新国家队、决策智囊团的地位与作用。科技创新工程分试点探索期、调整推进期和全面发展期3个阶段，按"3+5+5年"梯次推进，全面实施。

2013年3月26日，中国农业科学院在北京召开科技创新工程试点工作会议，并于2013年6月、10月和2014年10月，分3批遴选出32个试点所及其315个科研团队进入试点。此外，围绕国家产业重大需求，分别于2015年3月29日、4月21日、6月17日启动了"南方地区稻米重金属污染综合防控""东北黑土地保护""华北地区节水保粮"3个区域性协同创新行动，以期解决制约区域农业持续发展的重大问题。

根据院党组部署，2015年4—6月，由院领导带队，深入院属研究所，对科技创新工程试点期实施情况进行专题调研。2015年7月16日，中国农业科学院在北京召开视频会议，通报了科技创新工程

综合调研情况，提出重点问题整改落实措施，部署下一步推进工作。

2015年3月，中国农业科学院组织完成对第一批科技创新工程试点所的绩效考评；6月，农业部财会服务中心受农业部、财政部的委托组织完成对科技创新工程启动年（2013年7月至2014年6月）的绩效考评，专家组一致认为，科技创新工程启动年实施方向正确，全面完成绩效任务，充分发挥了体制机制改革排头兵作用。据统计，科技创新工程启动试点3年来，全院共发表论文9 700多篇，其中SCI、EI收录论文3 400多篇，年均增加30%；获得国家发明专利880个，年均增加52.7%。

三、"科技创新工程"全面推进期的实施

2016年是科技创新工程由试点探索期转入调整推进期的承上启下之年。8月1日，科技创新工程"十三五"科研团队及首席调整的建议获院批复，共有16个研究所（研究生院）提出的17个团队通过审核确定为创新工程"十三五"新增科研团队。至此，全院科技创新工程科研团队由试点期的315个增加到"十三五"时期的332个。

第三节　科研重大突破与引领创新发展

中国农业科学院的科技创新工作始终受到党中央和国务院的关心以及有关部委的支持。2013年6月13日，中央政治局委员、国务院副总理汪洋在农业部部长韩长赋陪同下到中国农业科学院考察指导工作，强调要紧紧抓住世界农业科技革命方兴未艾的历史机遇，坚持"科教兴农"战略，加快农业科技创新，促进我国农业发展再上新的台阶。

2014年4月9日，中共中央政治局委员、国务院副总理刘延东视

察中国农业科学院棉花研究所，要求继承和发扬优良传统，推动农业科技体制机制创新，始终面对国家战略需求，做大做强我国棉花产业。

2015 年 4 月 21 日，中共中央政治局委员、国务院副总理刘延东在中国农业科学院主持召开农业科技创新座谈会，强调要加快农业科技创新，为实现农业现代化提供不竭动力。12 月 5 日，全国政协副主席、民革中央常务副主席齐续春到中国农业科学院农业基因组研究所调研科研和产业发展情况。

2015 年 12 月 16 日，农业部部长韩长赋主持召开农业部党组会议，听取了中国农业科学院的工作汇报，要求进一步树立创新发展理念，紧紧围绕现代农业发展和农业转型升级的总方向，集中力量和资源，争取在对现代农业发展产生革命性影响的成果上有所突破，进一步彰显农业科研国家队的竞争力和影响力。

2012—2016 年，科技部党组书记、副部长王志刚，中央农村工作领导小组副组长袁纯清，国家自然科学基金委员会主任杨卫，农业部副部长余欣荣、牛盾、高鸿宾、张桃林、屈冬玉，教育部副部长杜占元，财政部副部长胡静林，科技部副部长徐南平等部领导到中国农业科学院及院属单位调研指导相关工作。

一、积极应对国家财政科技计划管理改革

2013 年 11 月 15 日，中共中央发布《关于全面深化改革若干重大问题的决定》，提出要深化科技体制改革，整合科技规划和资源。2014 年 3 月，国务院印发《关于改进加强中央财政科研项目和资金管理的若干意见》，提出要优化整合各类科技计划（专项、基金等）。2015 年 1 月，国务院印发《关于深化中央财政科技计划（专项、基金等）管理改革的方案》。

针对中央财政科技计划管理改革的新形势，中国农业科学院紧紧

围绕国家农业科技战略需求，组织开展重大问题调研，凝练重大科技问题，主动向农业部、科技部推荐国家重点研发计划重大选题，积极组织申报国家重点研发计划项目。据统计，在 2016 年，国家科技项目管理改革实施的第一年，中国农业科学院共有 32 项国家重点研发计划项目获得立项资助，其中农业领域 27 项，占该领域立项总数的 25.2%，体现了创新国家队的职责定位和学科优势。

二、牵头国家农业科技创新联盟建设

为深化农业科技体制改革，打造国家级、省级和地市级三级农（牧）业、农垦科学院共同参与的全国科技创新协作平台，实现农业创新驱动发展，2014 年 12 月 22 日，由农业部领导、中国农业科学院牵头建设的国家农业科技创新联盟在北京成立。李家洋院长当选第一届联盟理事会理事长。

2015 年 4 月 8 日和 11 月 9 日，国家农业科技创新联盟在北京分别组织召开了第一次和第二次专题会议。2015 年 12 月 25 日，农业部在北京召开国家农业科技创新联盟工作会议。李家洋在联盟工作报告中指出，联盟成立 1 年来，组织国内 38 家省级农科院、近 200 家地级市农科院（所）、31 所涉农高校和 5 家大型国有企业等加入了联盟，推动建设了山东、江苏、湖北、广东及湘鄂赣等区域性联盟，初步形成了全国农业科技工作"一盘棋"新格局；科学谋划我国农业科技发展战略，凝练提出了 50 多项重点科技任务和 100 多个重点项目，确立了联盟"一条龙"重点科技任务布局；组织 110 余家单位开展了 4 大协同创新行动和 9 大农产品绿色增产增效模式协同攻关，推动形成了 25 套农业重大问题"一体化"综合解决方案。

三、科技创新获重大突破

2012 年以来，中国农业科学院紧紧抓住国家加强农业科技创新的历史机遇，以启动实施科技创新工程为总抓手，大力开展科技创新，重大科研成果不断涌现，科研立项与产出实现双跨越。

由中国农业科学院农业环境与可持续发展研究所设施植物环境工程团队自主研发的"智能 LED 植物工厂"成果，亮相国家"十二五"科技创新成就展。该成果被国际普遍认为是"土地利用和农作方式的颠覆性技术"。2016 年 6 月 3 日，习近平总书记参观了"智能 LED 植物工厂"展览，了解智能 LED 植物工厂蔬菜种植情况，对该成果高度赞赏。

期间，中国农业科学院作为第一完成单位，共获得国家科技奖励成果 34 项，占同期全国农业领域授奖成果的 20%，其中，国家自然科学奖 1 项。国家技术发明奖 6 项、国家科学技术进步奖 27 项。中国农业科学院获得一批具有代表性、标志性的重大科技成果，主要如下。

1. 以 **H5N1 高致病力禽流感病毒为模型**，针对其进化、跨宿主感染哺乳动物及致病力机制等科学问题，进行深入的探索研究，取得重要进展和突破，为科学认知禽流感病毒做出了贡献，为禽流感的防控提供了科学依据。

2013 年获国家自然科学奖二等奖。

2. 针对黄淮海地区南北跨度大、生态条件复杂、品种适应范围窄、单产低、品质差等突出问题，开展大豆新品种选育与应用研究，培育出**广适高产优质大豆新品种"中黄 13"**，实现了大豆育种新突破，成为自 1995 年以来唯一年推广面积超过千万亩的大豆品种。

2012 年获国家科学技术进步奖一等奖。

3. 利用种质资源精准鉴定与亲本定向选配+多亲本复合杂交+小孢子培养+异地夏繁加代+分子标记辅助选择+多个目标性状多年多点鉴定+杂种优势利用的多目标聚合育种技术，创制了具有自主知识产权的油菜新品种 5 个，其中，**"中双 11 号"**是目前世界上首个高含油量（49.04%）、强抗倒伏、抗菌核病为一体的双低油菜品种。2008年以来，在长江流域9省市累计推广2 585.2万亩，创经济效益18.714亿元。

2014年获国家技术发明奖二等奖。

4. 构建了**小麦条锈病菌源基地综合治理技术体系**，防病增产效果极显著。构建了以有效成分、剂型设计、施药技术及风险管理为核心的农药高效低风险技术体系。研发了防控外来入侵生物系列关键预警、监控与阻截技术。总体研究达到国际领先水平，经济、社会和生态效益巨大。

2012年获国家科学技术进步奖一等奖。

5. **饲料用酶技术体系创新及重点产品创制**，创立了高效饲料用酶及其基因资源发掘技术体系，突破了酶的构效机理和高效表达机制，创制多种饲料用酶产品，在全国31省、自治区、直辖市推广应用，占据市场80%以上，并出口至20余个国家和地区，经济、社会效益显著。

2012年获国家科学技术进步奖二等奖。

6. **主要农作物遥感监测关键技术研究**，构建了农作物信息天地网一体化获取技术、适合我国国情的农作物种植面积和产量遥感监测技术，农业旱涝遥感监测系统及关键技术，在多次重（特）大旱涝灾害监测中发挥了重要作用，总体技术达到国际先进水平。

2014年获国家科学技术进步奖二等奖。

7. 明确了我国主要生态区玉米高产潜力突破和高产高效生产的主要制约因素及技术创新与推广的优先序，建立了13套适应不同生态区的玉米高产高效技术体系，形成技术规程13个，制定地方标准9部、被农业部确定10项主推技术模式，在玉米主产省76个示范县推广，社会、经济效益极为显著。

2011年获国家科学技术进步奖二等奖。

第四节　加强科技成果转化应用与服务现代农业

一、开展种业权益改革试点

党的十八大以来，党中央、国务院对加强知识产权保护、促进科技成果转化给予了前所未有的重视，相继出台了一系列政策措施。2013年12月20日，国务院办公厅印发了《关于深化种业体制改革提高创新能力的意见》（国办发〔2013〕109号）。2015年10月1日，第十二届全国人大常委会审议通过《中华人民共和国促进科技成果转化法》修订版。2016年3月2日，国务院印发实施《中华人民共和国促进科技成果转化法》若干规定（国发〔2016〕16号）。

2013年12月，《中国农业科学院知识产权管理办法》印发实施，是全院第一个完整的知识产权制度。2014年4月21日，中国农业科学院印发《关于推进科技产业发展的若干意见（试行）》。2014年8月13日，依托中国农业科学院建设的国家种业科技成果产权交易中心正式启动运行，是我国深化种业改革进程中具有标志性意义的一件大事。2014年10月21日，中国农业科学院召开种业科技成果权益比例试点暨产权交易工作推进会。2014年10月24日，农业部、科技部、财政部联合下发《关于开展种业科研成果机构与科研人员权益比例试点工作的通知》，确定中国农业科学院作物科学研究所、中国水稻研究所、蔬菜花卉研究所为首批试点单位。中国农业科学院专门成立了试点工作领导小组，院党组书记陈萌山担任组长。2014年10月28日，农业部在中国农业科学院召开种业权益比例改革试点工作座谈会。2014年12月2日，农业部在国家种业科技成果产权交易中心举办了种业科技成果确权推介交易活动，现场6家科研院所、高等院校与 13 家种子企业签订了 9 项新品种、新技术的转让、许可协议，成交总金额超过 3 000 万元。2015 年 4 月 14 日，中国农业科学院印发《种子企业脱钩工作方案》。2015 年 7 月 7 日，依托中国农业科学院建设的全国农业科技成果转移服务中心正式启动运行，有 13 家科研单位和企业进行了现场成果交易签约，交易总额达 2 000 多万元。

中国农业科学院种业权益改革试点工作取得的成效得到党中央、国务院的高度认可，相关改革内容写入了 2016 年中央一号文件。2016 年 7 月 8 日，农业部、科技部、财政部、教育部、人力资源和社会保障部联合下发《关于扩大种业人才发展和科研成果权益改革试点的指导意见》，在全国种业领域扩大改革试点工作。2016 年 7 月 18 日，全国种业人才发展和科研成果权益改革工作视频会议在北京召开，中国农业科学院在会上介绍了种业权益改革试点开展 2 年多来的主要做法和成效。2016 年 8 月，中国农业科学院印发了《鼓励科研人员创新促进科技成果转化的实施办法（试行）》，将种业权益改革推行的举措扩展到所有科技成果，进一步激发全院科研人员创新热情，加快科技成果转化应用。

据统计，在 2011—2016 年全院开发总收入达到约 55.67 亿元，比"十一五"增长 37.62%。形成了兽用生物制品及兽药、农药、种业、特色农产品等支柱产业，中棉种业 2015 年在新三板挂牌上市。

二、开展农产品绿色增产增效模式研究示范行动

2013 年，中国农业科学院启动粮食增产增效综合技术集成模式研究计划，围绕农业部"一控二减三基本"战略目标，针对我国区域农业产业发展关键技术需求，以促进粮食增产增收为重点，以"增产增效并重、良种良法配套、农机农艺结合、生产生态协调"为基本要求，先后启动实施了水稻、玉米、小麦、大豆、油菜 5 种作物技术集成生产模式研究与示范，整合分散在全院各研究所以及各相关协作

合作单位的成果、技术、学科、人才、平台等资源条件,通过大攻关、大协作,构建一系列成熟配套的支撑现代农业发展的综合技术生产模式。2014 年 10 月 20 日,中国农业科学院召开粮棉油增产增效技术集成综合生产模式研究工作会,进一步明确增产增效模式研究示范工作的 3 个目的:推广中国农业科学院创新的品种和技术、探索技术集成转化的模式、为农业部高产创建提供技术支撑,并决定成立全院粮食增产增效技术模式研究领导小组,负责粮棉油增产增效生产技术模式研究与示范工作的整体推进、协调指导和监督检查。2015 年 4 月 2 日,中国农业科学院在北京召开绿色增产增效技术集成模式研究与示范工作交流会,研究审议水稻、玉米、小麦、大豆、油菜、马铃薯、棉花、奶牛、羊 9 个增产增效技术集成模式研究项目 2015 年工作方案。其中,棉花、马铃薯、奶牛、羊 4 个项目是 2015 年新启动的项目。陈萌山书记要求,绿色增产增效技术集成模式研究示范,要做到"研究与示范并举,增产与增效统一,绿色与集成结合,院内、院外、国内、国际'四个协同',研发一批、推广一批、储备一批。"

2015 年 12 月 16 日,中国农业科学院召开绿色增产增效技术集成模式研究与示范工作会,总结 9 个项目的工作进展。据介绍,3 年来,通过联合攻关与试验示范,共集成、推广、储备了 115 项先进适用技术,构建了一系列可复制可推广的技术生产模式 25 套,建立试验示范基地 54 个,示范面积 5 万多亩,示范奶牛和羊 15.9 万头,覆盖我国主要产区和典型生态区,得到了农业部韩长赋部长、余欣荣副部长等有关领导的充分肯定,在社会上引起良好反响。

三、大力开展科技兴农活动,服务地方经济发展

2012 年以来,中国农业科学院紧紧围绕农业部"两个千方百计、两个努力确保、两个持续提高"的目标任务,深化与地方政府的务实合作,强化援疆援藏和科技扶贫,大力开展高产创建、项目合作、人

才培养、展示观摩、技术培训、现场指导等一系列科技兴农活动，推广应用了一批新品种、新技术、新产品等技术成果，为保障国家粮食安全和促进农民增收提供了强有力的科技支撑。

在粮棉油高产创建方面，创造了一批高产新纪录。2013年，早稻"中早39"在浙江诸暨高产攻关田亩产达到705.33千克，打破了浙江省早稻单产纪录；玉米在新疆兵团奇台场30亩高产示范田亩产达到1 511.74千克，刷新了全国玉米高产纪录，实现了单季亩产突破。2014年，玉米在新疆生产建设兵团万亩示范田创亩产1 227.6千克的全国大面积高产新纪录。2015年，超级稻"春优927"在浙江宁海百亩示范片亩产达到1 015.5千克，创造了浙江省百亩示范片最高纪录；大豆新品系"中作XA12938"在河南新乡1.3亩高产田亩产达到336.28千克，创造了我国大豆单产纪录。2016年，马铃薯"中薯5号"在湖北襄阳高产田，创亩产4 121.38千克、产值超万元的全国纪录；小麦"轮选103"在河北省冀中南百亩攻关田亩产达到724.9千克，刷新了河北省小麦的单产纪录。

在农业部主导品种和主推技术方面，如："中嘉早17"成为全国推广面积最大的早稻品种。"中麦175"连续5年成为北京、天津、河北的第一主推品种。"中黄13"大豆累计推广8 000多万亩，连续8年居全国大豆种植面积之首。"中棉所49"是在南疆推广面积最大的棉花品种，占南疆棉花种植面积的40%以上。"中薯3号""中薯5号""中薯6号"打破了荷兰"费乌瑞它"独家垄断的局面，逐步成为主栽品种。2012年，"中单909"获得转让收入1.2亿元，创玉米新品种推广速度和作物单品种转让纪录。通过组织参加中国（锦州）北方农业新品种新技术展销会、中国（廊坊）农产品交易会、中国国际高新技术成果交易会、中国国际农产品交易会等全国性的展示展销活动以及各类科技博览会、洽谈会、咨询会等，不断扩大中国农业科学院科技成果的知名度与社会影响力。

在院地合作方面，不断深化与各地政府，尤其是地市级政府的实质性科技合作，先后与江西省，广西壮族自治区，北京市大兴区、通州区，河北省阜平县，内蒙古巴彦淖尔市，辽宁省锦州市、大连市，上海市浦东新区，江苏省镇江市，安徽省蚌埠市，山东省德州市、临沂市，河南省新乡市、修武县，湖北省十堰市、荆门市，湖南省株洲市，广东省农业厅，四川省成都市、广安市，陕西省安康市等政府签署科技合作协议，帮助制定农业发展规划，合作实施科技项目，共建科技平台，联合培养人才，带动了地方农业产业发展。支持国家现代农业示范区建设，2012 年 11 月 6 日，借农业部举办部属科研院校与国家现代农业示范区科技专项对接活动之机，中国农业科学院组织 17 个研究所与 38 个国家现代农业示范区签署了 41 个科技合作协议，开展广泛深入合作，为示范区的建设与发展提供科技支撑。此外，还与北京雷力公司、联想控股公司、中粮集团、呼伦贝尔农垦集团等国内大型企业加强科技合作。

在援疆援藏与定点扶贫方面，中国农业科学院通过共同实施科技项目、加强技术服务、派遣干部挂职、联合培养人才，助推新疆与西藏现代农牧业发展，带动太行山区、武陵山区、秦巴山区等贫困地区脱贫致富。2012 年 5 月，中国农业科学院与恩施土家族苗族自治州、湘西土家族苗族自治州政府签署科技扶贫协议；9 月，中国农业科学院与陕西安康市政府在京签署科技战略合作协议，共建"中国富硒产品研发中心"和"国家级特色富硒高效农业院地合作示范区"。2013 年，中国农业科学院和西藏农牧科学院签署《共同培养西藏农牧科技人才百人计划（2015—2020 年）》，每年培养 20 名以上专业人才，举办 1 期培训班；3 月，中国农业科学院在新疆农业科学院召开科技援疆工作座谈会，有 15 个研究所与新疆农业科学院有关所签订了合作协议；5 月，中国农业科学院与阜平县政府签署了科技合作协议。2014 年 4 月，院市合作示范区建设在安康市启动；7 月，中国农业科学院与新疆维吾尔自治区签署科技合作协议。2015年1月，中国农业科学院在武汉与十堰市政府等单位签署合作共建丹江口库区（十堰）生态农业研究院框架协议；5月，中国农业科学院与新疆昌吉回族自治州在京签署西部农业研究中心共建协议；8月，由中国农业科学院棉花研究所与塔里木大学共建的棉花科学学院在新疆阿拉尔市揭牌。2016年6月，由中国农业科学院与陕西农业厅、安康市联合共建的中国富硒产业研究院揭牌；7月，全国农业科技援藏会议在拉萨召开，李家洋院长在讲话中强调，要加大科技援藏工作力度，为西藏农牧业发展插上科技翅膀。

此外，试验基地进一步扩大，规划布局进一步优化。据统计，2012—2016年，全院试验基地总数108个，覆盖27个省（市、区），涵盖29个院属研究所，6个研究所基地进入国家农业科技创新与集成示范基地建设序列。新疆、海南、新乡、张掖等地的综合基地的设施条件得到大幅提升。

第五节　人才队伍协调发展与研究生教育多元化

2012—2016年，中国农业科学院人才队伍建设取得丰硕成果。李家洋院长分别于2012年和2015年当选为德意志利奥波第那自然科学院院士和英国皇家学会外籍新会员。唐华俊、万建民于2015年当选中国工程院农业学部院士。哈尔滨兽医研究所陈化兰于2016年获得世界杰出女科学家成就奖。11人获得国家自然科学基金"杰青""优青"资助。7人入选中组部"千人计划"或"青年千人计划"。39人入选享受政府特殊津贴专家或国家级有突出贡献的中青年专家。17人入选人社部"百千万人才工程"国家级人选。23人7个团队入选科技部"创新人才推进计划"。59人入选农业科研杰出人才及其创新团队。7 人获得农业部中华农业英才奖。3 人获得中国青年科技奖。

一、启动实施"青年英才计划"

2013 年 1 月，在 2013 年院工作会议上发布了"青年英才计划"公告，正式启动"青年英才计划"。这是中国农业科学院引进高层次青年科技人才的重大举措，旨在吸引一批 40 岁以下具有国际视野和高水平的青年学科带头人，为建设"世界一流农业科研院所、实现跨越式发展"提供强有力的人才支撑。实行"所先行引进，院再择优支持"模式。2014 年 9 月，首批"青年英才计划"择优支持评审会在北京召开，11 名符合申报条件的候选人参加评审答辩。至 2015 年年底，"青年英才计划"共引进优秀青年人才 154 名，48 名候选人通过择优支持评审，成为正式入选者，其中国家"杰青""优青""青年千人"18 人，20 人担任创新团队首席。2015 年 1 月，"青年英才计划"入选第一批全国重点海外高层次人才引进计划，可比照国家"千人计划"享受相关政策。

为加强自有优秀青年人才的培养，2014 年 5 月，院党组制定出台了《关于加强优秀青年科技人才培养工作的意见》。2015 年年底，《青年英才计划"科研英才培育工程"实施方案》出台，实施人才引育"双轮驱动"战略，加快培养造就一支优秀青年科研人才队伍。根据《实施方案》，遴选工作每年开展 1 次，到 2020 年，院所两级有计划、有重点地遴选约 400 名有较大发展潜力的青年科研英才。2016 年 3 月，首批"科研英才培育工程"入选者遴选正式启动，共有 24 名候选人入选院级青年科研英才。此外，还通过举办"农科讲坛"、干部能力建设培训班，加强干部实践锻炼，选派团队首席及科研骨干参加科技团队管理者（课题组长）研讨班、高级专家国情研修班等，不断提高各级人才的能力素质。

二、深化干部人事与职称评审制度改革

探索选人用人方式，统筹推进科研、管理、转化、支撑四支队伍建设。2013 年 1 月，在 2013 年院工作会议上发布了植物保护研究所所长全球公开招聘公告，这是中国农业科学院首次在全球范围内公开招聘研究所所长。2013 年 10 月，院党组研究决定下放副高评审权限至院属各研究所和研究生院，开辟优秀青年人才职称晋升"绿色通道"。2014 年 3 月，"首届支撑人才岗位技能竞赛"在京举办，打造支撑人才培养选拔和展示的平台。2015 年 11 月，开展院机关干部全员竞聘。此外，还探索实施不同系列分类评价，研究制定了科学研究、农业技术等 7 个系列高级职称评审条件。

院领导班子不断得到加强和完善。2012 年 6 月 13 日，罗炳文被免去院党组副书记、纪律检查组组长；8 月 22 日，魏琦任院党组成员、人事局局长；10 月 29 日，唐华俊任院党组副书记（排在陈萌山同志之后）；吴孔明任院党组成员、副院长，史志国任院党组成员、纪律检查组组长。2014 年 8 月 29 日，雷茂良任院党组成员、副院长；12 月 12 日，王汉中任院党组成员、副院长，刘大群任院党组成员、研究生院院长（正局级）。2015 年 8 月 19 日，万建民任副院长。

三、研究生教育实现规模、质量双提升

2012 年 4 月 9—10 日，中国农业科学院第七次研究生教育工作会议在京召开，全面部署"十二五"研究生教育与深化改革工作。李家洋院长在会上提出，要把研究生院建设成为高层次、研究型、国际化、有特色的国内一流、国际知名的培养和造就高层次农业科技人才的基地。2012 年，"优博培育计划"启动实施。2013 年，首次与比利时列日大学联合培养博士计划启动。2014 年 2 月，院所共建教研室启动。2015 年 3 月，培养点管理制度正式启动实施。2015 年 7 月，研

究生院兽医学院在哈尔滨兽医研究所揭牌成立，从 2016 年秋季开始入驻。

2014 年迎来中国农业科学院研究生院成立 35 周年，11 月 30 日，研究生教育改革与发展研讨会在京召开。吴孔明副院长在会上指出，研究生院成立 35 年来，坚持"立足科研、质量为本、科教兴农"的办学理念，以"院所结合、两段式培养"为特色，坚持"一体两翼"发展思路，形成了包括硕士、博士、留学生和专业学位教育在内的多层次、多类型的人才培养体系，在读研究生总数 4 400 余人，已授予博士、硕士学位近万人。兽医学和作物学在全国排名第一。

此外，2012 年，中国农业科学院博士后管理工作由研究生院调整到院人事局，制定实施了"博士后推进计划"，加强规范管理，扩大招生规模，在站博士后数量明显增加，质量大幅提高。2015 年在站博士后人数突破 400 人，比"十二五"初期增长 66%。

第六节 国际合作交流与农业科技"走出去"

2012 年以来，中国农业科学院国际合作服务于国家外交战略和"一带一路"倡议，积极实施农业科技全球战略布局，务实推动农业科技"走出去"，实现了从强化国际科技创新能力建设到全方位融入国际农业科技圈的过渡，国际影响力和声誉不断提升。

一、全院国际合作融入国家整体外交

2012 年 4 月 4 日，作为访华的重要安排，泰国诗琳通公主一行到中国农业科学院访问，就如何加强中泰农业科技合作深入交换意见。

2013 年 6 月 8 日，作为首届中国—拉丁美洲和加勒比农业部长论坛的重要活动之一，中国农业科学院在北京承办了农业科技分论坛，

其会议成果写入《农业部长论坛北京宣言》。6 月 28—29 日，中国农业科学院作为亚太经济合作组织（APEC）农业技术合作工作组（ATCWG）第六任牵头人，在印度尼西亚主持召开了 APEC-ATCWG 第 17 届年会。作为对中国进行国事访问的重要安排，8 月 22 日，肯尼亚总统肯雅塔携夫人一行到中国水稻研究所访问，希望水稻所专家指导帮助肯尼亚发展水稻生产技术，提高水稻产量。11 月 21 日，在国务院总理李克强、欧洲理事会主席范龙佩和欧盟委员会主席巴罗佐的见证下，中国农业科学院与欧盟委员会在人民大会堂签署了《关于食品、农业和生物技术研究与创新合作意向书》，标志着中国农业科学院与欧盟的农业科技合作将进入一个新的阶段。

2014 年 3 月 31 日，在国家主席习近平和比利时首相迪吕波的见证下，中国农业科学院与比利时根特大学在布鲁塞尔签署了《成立全球变化与粮食安全联合实验室的协议》。7 月 17 日，在国家主席习近平访问巴西发布的中巴政府联合声明中，写入了依托中国农业科学院建立的中国—巴西农业科学联合实验室有关内容。7 月 19 日，在国家主席习近平访问阿根廷期间，在农业部部长韩长赋与阿根廷农牧渔业部部长卡萨米格拉的见证下，中国农业科学院与阿根廷农牧业科学院签署了科技合作谅解备忘录。7 月 22 日，在国家主席习近平与古巴国务委员会主席劳尔·卡斯特罗的见证下，农业部部长韩长赋与古巴农业部部长罗德里格斯签署了《建立古中农业示范园区的框架协议》，其中，在古巴蚕桑项目组和中国农业科学院蚕业研究所建立蚕桑科技合作中心，是古中农业示范园区建设的主要内容之一。9 月 19 日，APEC 第三届农业与粮食安全部长会议在北京召开。为配合此次会议，中国农业科学院作为 APEC 农业技术合作工作组第七任牵头人，主办了 ATCWG 第十八届年会、中国农业科技成果展等重要活动。

2015 年 4 月 20 日，国家主席习近平和巴基斯坦总理纳瓦兹·谢里夫签订了中巴 51 项合作协议和备忘录，其中《建立中国—巴基斯坦联合棉花生物技术实验室备忘录》是内容之一。

2016 年 5 月 30—31 日，作为 G20 农业部长会议系列会议的重要活动之一，由中国农业科学院承办的第五届 G20 农业首席科学家会议在西安召开，有关建立全球科研协作平台（GRCPs）的行动建议写入 6 月 3 日发布的《二十国集团农业部长会议公报》。

二、加快全球战略布局与农业科技"走出去"

2012—2016 年，中国农业科学院与加拿大、爱尔兰、韩国等国农业主管部门，美国、澳大利亚、西班牙、比利时、荷兰、哈萨克斯坦、塔吉克斯坦等国大学，英国、法国、德国、意大利、澳大利亚、新西兰、墨西哥、秘鲁、阿根廷等国重点科研机构，联合国粮农组织、全球作物多样性信托基金、非洲能力建设基金会等国际组织，先正达、拜耳等跨国公司新（续）签署合作谅解备忘录（合作协议）。

与英国、德国、意大利、西班牙、瑞典、荷兰、芬兰、挪威、波兰、巴西、古巴、俄罗斯、哈萨克斯坦、澳大利亚、新西兰、日本、韩国等国大学、科研机构新建联合实验室（研究中心）。其中，2012 年在巴西揭牌成立的中—巴（巴西）农业科学联合实验室，是全国在海外建立的第一个农业科学联合实验室，标志着全国农业科技实施全球布局迈出了重要一步，具有里程碑意义。2014 年在布鲁塞尔签署成立的全球变化与粮食安全联合实验室，是中国农业科学院在欧洲设立的第一个海外联合实验室。2014 年在悉尼大学揭牌的"中—澳可持续农业生态联合实验室"，是我国设在大洋洲的首个农业科技联合实验室。此外，2013 年，哈尔滨兽医研究所动物流感实验室被联合国粮农组织（FAO）认定为国际动物流感参考中心，这是我国首个获得 FAO 认可的国际动物流感参考中心。依托植物保护研究所、北京畜牧兽医研究所、农业环境与可持续发展研究所、蔬菜花卉研究所、哈尔滨兽医研究所、油料作物研究所的 6 个国际合作基地获得科技部认定。

中国农业科学院在杂交水稻和杂交玉米、蔬菜、棉花、蚕桑、动物疫病防控、植保、设施园艺、农业机械和沼气等技术领域已经走出国门，在亚洲、南美洲、非洲等几十个国家推广应用，其中，中国农业科学院主持的比尔及梅琳达·盖茨基金会资助的绿色超级稻项目被比尔·盖茨称为"中国农业创新带给世界的礼物"，在亚非15个目标国家进行了70个绿色超级稻品种的示范和推广。为推动农业"走出去"，2016年1月21日，中国农业科学院海外农业研究中心正式揭牌成立，立足服务于国家农业"走出去"战略，致力打造国家级农业对外合作集散地、经济政策智囊团、海外信息服务器和海外农业人才库，成为中国农业科学院农业科技"走出去"的公共平台。

三、国际合作交流进一步拓展

2012—2016年，中国农业科学院争取各类国际合作项目1 314项，组织举办国际学术会议、科学家峰会300多次，派出团组2 600个近5 600人次到国外开展学术交流、合作研究、参加会议或培训，邀请外宾5 500人次来院开展学术交流、讲学或洽谈。

主办或承办的重要国际会议：第六届国际杂草科学大会（2012.6）、第九届国际燕麦大会（2012.6）、第十八届国际食用菌大会（2012.8）、第13届国际禾谷类锈病和白粉病会议（2012.8）、2013世界农业展望大会（2013.6）、中国与CGIAR合作30年论坛（2013.6）、第四届国际农科院院长高层研讨会（2013.6）、2014国际真菌毒素大会（2014.5）、第五届国际牦牛大会（2014.8）、2014国际茶叶学术研讨会（2014.11）、中国与CABI战略合作20周年高层研讨会（2015.11）、第二届国际农业基因组学大会（2015.11）、第五届G20农业首席科学家会议（2016.5）、农业生态与可持续食物体系国际研讨会（2016.8）、第七届国际作物科学大会（2016.8）。

院领导率团出访 30 多次，涵盖欧洲、北美洲、南美洲、大洋洲、东南亚、中亚、非洲的 30 多个重要国家、30 多家科研机构、20 多所大学以及 10 多个国际组织和跨国公司等；院领导接待来访 70 余次，来访人员包括 20 多个国家农业部的部长级官员，10 多所大学、10 多家科研机构、近 20 个国家组织及其下属机构的负责人，以及 5 家跨国公司的总裁等。通过互访，增进相互了解，商谈科技合作，推进中国农业科学院与各国政府、高等院校、科研机构以及国际组织和企业在农业科研、人才培养、能力建设等方面的深入合作，并就促进南南合作、全球粮食安全、农业可持续发展等议题交换意见和深入交流。

此外，还推动海峡两岸交流进入常态化。除了日益频繁的学术交流外，由中国农业科学院与我国台湾地区的台湾大学和中兴大学联合举办的"海峡两岸农业科研与教育研讨会"，2011 年 7 月 22 日在北京举办首届后，2012—2016 年，每年轮流在两地举办，已连续举办 5 届，分别在台湾中兴大学、黑龙江省哈尔滨市、台湾大学、内蒙古呼和浩特市、台湾中兴大学举办。

第七节　迎来建院 60 周年

2016 年 12 月 12 日，中共中央任命唐华俊同志任农业部党组成员、中国农业科学院院长（副部级）。截至 2017 年 5 月，中国农业科学院领导班子组成，院长：唐华俊，院党组书记：陈萌山，副院长：李金祥、吴孔明、王汉中、万建民，纪检组组长：李杰人，党组成员：陈萌山、唐华俊、李金祥、李杰人、吴孔明、王汉中、刘大群、贾广东。

2017 年 1 月召开的中国农业科学院工作会议上，唐华俊院长指出，2017 年中国农业科学院迎来建院 60 周年华诞，我们要围绕"创新驱动发展"的主线，全面回顾中国农业科学院发展历程，全面展示中国农业科学院 60 年来取得的巨大成就，弘扬科学奉献精神，增强创新发展活力，推进中国农业科学院事业发展再上新台阶。全院广大科技人员和干部职工要以全新的精神面貌和饱满的工作热情，努力拼搏，奋发有为，以一流的工作业绩向建院 60 周年献礼，向党的十九大献礼。

2017 年 5 月 26 日，习近平总书记致信祝贺中国农业科学院建院 60 周年，向全体农业科研人员和广大农业科技工作者致以诚挚问候。

习近平在信中指出，60 年来，中国农业科学院牢记使命、勇于担当，以解决我国农业发展重大科技问题为己任，取得一大批具有国际先进水平的重大原创成果，培养造就了一大批农业科技领军人才，为我国"三农"事业发展做出重要贡献。

习近平说，中国是农业大国，有着悠久的农耕历史和灿烂的农耕文化。农业现代化关键在科技进步和创新。要立足我国国情，遵循农业科技规律，加快创新步伐，努力抢占世界农业科技竞争制高点，牢牢掌握我国农业科技发展主动权，为我国由农业大国走向农业强国提供坚实科技支撑。

习近平强调，作为农业科研国家队，中国农业科学院要面向世界农业科技前沿、面向国家重大需求、面向现代农业建设主战场，加快建设世界一流学科和一流科研院所，勇攀高峰，率先跨越，推动我国农业科技整体跃升，为实现"两个一百年"奋斗目标、实现中华民族伟大复兴的中国梦做出新的更大的贡献。

中共中央政治局常委、国务院总理李克强做出批示表示祝贺。他在批示中指出，中国农业科学院建院 60 年来，坚持面向国家重大需求，瞄准农业科技前沿，持续攻坚克难，取得了一系列举世瞩目的科研成果，培养了一大批优秀农业科技人才，为解决"三农"发展重大问题、保障国家粮食安全、促进农业现代化提供了重要科技支撑。

谨向同志们致以诚挚问候。希望你们不负重托，再接再厉，认真贯彻新发展理念，围绕推进农业供给侧结构性改革，加快农业转方式、调结构，紧扣我国农业技术"短板"，着力深化农业科技体制机制改革，着力推动农业科技创新，力争取得更多有分量的科研成果、培养更多优秀人才，不断提升我国农业科技水平和国际竞争力，促进培育农业农村发展新动能，为加快现代农业发展、实现农民增收、推进农村经济社会持续健康发展做出新贡献。

国务院副总理汪洋 2017 年 5 月 25 日到中国农业科学院考察调研。他强调，科技是现代农业发展的决定力量。要深入学习贯彻习近平总书记重要指示精神和李克强总理的重要批示要求，贯彻落实全国科技创新大会精神，认真实施创新驱动发展战略，加强农业科技研发，强化农业技术推广，以科技创新引领农业供给侧结构性改革，加快农业现代化。2017 年是中国农业科学院建院 60 周年。60 年来，中国农业科学院在农畜品种选育改良、动植物疫病防控、重大农业技术推广等方面取得一大批优秀成果，为我国农业发展提供了有力支撑。汪洋参观了中国农业科学院建院 60 周年成就展，并就农业技术研发和推广工作，与一线科研人员进行了深入交流。

2017 年 5 月 26 日，中国农业科学院举行建院 60 周年成就展暨表彰大会。院党组书记陈萌山主持大会。农业部部长韩长赋出席大会做重要讲话，并宣布启动中国农业科学院青年人才工程。韩长赋在讲话中强调，要认真学习贯彻习近平总书记重要指示和李克强总理重要批示精神，按照汪洋副总理提出的要求，进一步增强责任感、使命感和紧迫感，立足世界科技前沿，瞄准国家重大需求，"顶天立地"搞好科研、矢志不渝服务"三农"，推动我国农业科技水平整体提升，为引领我国从农业大国向农业强国迈进做出新的更大的贡献。农业部党组成员、中国农业科学院院长唐华俊在会上致辞。农业部原副部长、中国农业科学院原院长李家洋院士、中国工程院副院长刘旭院士、北京市副市长卢彦、中国农业大学校长柯炳生等出席会议。

韩长赋指出，要深入贯彻习近平总书记重要指示精神，推动我国农业科技整体提升。在新的历史阶段，中国农业科学院要服务于农业供给侧结构性改革这个主线，服务于农业现代化这个大目标，服务于农业生产实践这个主战场，把握以下重点：第一，要抢占世界农业科技革命制高点。加强基础理论、重大前沿技术、颠覆性技术等的研究。第二，要找准农业科技创新着力点。优化技术结构，更加注重数量质量效益并重；树立"大农业观"，更加注重粮棉油、肉蛋奶、果菜茶等全品种生产；着眼全产业链，更加注重"种养+资源环境"等全过程全要素。第三，要把握农业科技创新关键点。强化需求导向、强化协同创新、强化政策激励。

韩长赋强调，当前，我国农业正处在深刻转型、加快现代化建设的关键阶段，迫切需要加快农业科技进步，迫切需要创新性农业科技成果，这是中国农业科技的使命和机遇。中国农业科学院要下大力气加强人才队伍和自身建设，早日打造成农业科研领域的世界一流学科和一流科研院所，带动我国农业科技整体实力率先进入世界先进行列。要坚持科研立院，弘扬潜心科研、献身"三农"的价值追求。树立不畏艰辛、追求卓越的思想境界，营造勇于创新、脚踏实地的学术氛围，弘扬学术诚信、科学严谨的优良学风。要坚持人才兴院，打造一支高素质的农业科技人才队伍。坚持国家队定位，打造农业科技人才培养"新高地"，创新人才发展思路，打造全国农业系统人才建设"试验田"。要坚持党建强院，提升党建工作水平。牢固树立"四个意识"，扎实推进"两学一做"学习教育常态化制度化。

唐华俊在致辞中指出，党中央、国务院历来高度重视农业科技和中国农业科学院的发展。习近平总书记为建院60周年专门发来贺信，李克强总理做出重要批示，汪洋副总理专程到中国农业科学院考察。党和国家领导人的亲切关怀和肯定，是我们砥砺前行的精神力量和行动指南，鼓舞着农科院人，为农业科技事业拼搏奋斗。唐华俊强调，回望60年，中国农业科学院取得的辉煌成就离不开党中央、国务院和国家有关部委各级领导给予的亲切关怀和指导；离不开各省市农业科研机构、高等院校和社会各界给予的鼎力支持和帮助；更离不开老一辈农业科技事业的开拓者，是他们的艰辛创业，为中国农业科学院今天的辉煌成就奠定了坚实基础，为明天的快速发展创造了宝贵的物质和精神财富。要感谢正在为中国农业科学院的发展而默默奋斗的每一位农科院人，他们辛勤耕耘、默默奉献、淡泊名利、追求卓越，取得了一批又一批重大科研成果，创造了一项又一项改革创新的优良业绩，为我国农业科技事业快速发展贡献了重要力量！

唐华俊指出，面对我国农业和农村经济新发展，农业供给侧结构改革的新形势，农业科技创新的新要求，中国农业科学院将认真学习、全面领会、坚定不移地贯彻落实习近平总书记、李克强总理和汪洋副总理的指示精神，按照农业部党组和韩长赋部长的要求，牢记农业科研国家队的使命，面向世界农业科研前沿，面向国家重大需求，面向现代农业建设主战场，凝心聚力，开拓创新，努力攀登农业科技高峰，为支撑引领我国现代农业发展做出新的更大的贡献。

江苏省农业科学院院长易中懿、联合国粮农组织助理总干事王韧致辞。重大科技成就获得者代表范云六院士、先进模范人物代表何中虎研究员、青年科技工作者代表陆宴辉研究员，分别在会上发言。大会表彰了"国家农业种质资源库""小麦遗传改良技术及系列品种"等30项建院60年重大科技成就和以丁颖为代表先后在中国农业科学院工作的271名先进模范人物。

中央农办、教育部、科技部、财政部、水利部、林业局、气象局、国家自然科学基金委员会和北京市人民政府领导，农业部各有关司局、事业单位领导，中国科学院、中国工程院、中国医学科学院、中国林业科学研究院、中国热带农业科学院、中国水利水电科学研究院、中国农业大学和其他农业高校、各省农科院的领导，中国科协等社会团体代表，联合国粮农组织等国际组织和国外科研机构代表，中国农业科学院的老领导、老专家和科技人员代表以及院领导班子全体成员和院属各单位、机关各部门负责同志共 300 名代表出席了大会。

　　中国农业科学院在 60 周年院庆之际，举办了建院 60 周年成就展。与中国农业电影电视中心共同制作中国农业科学院建院 60 年宣传片《大地丰碑》。还主办了国际农业科技发展峰会，农业部党组成员、副部长于康震，农业部党组成员、中国农业科学院院长唐华俊，联合国粮农组织助理总干事王韧及国际农业研究磋商组织特派代表出席会议并致辞。

结 束 语

1957年3月，中国农业科学院创建，是新中国成立后的三大科学院之一，是中国农业科技发展史上的里程碑。

60多年来，中国农业科学院通过几代人的不懈努力，顽强拼搏，勇攀高峰，不断开拓和建立了新中国农业科学各主要学科、专业领域，作为我国在农业科学技术方面最高学术机构和全国农业科学研究中心，铸就了中国农业科学院的历史辉煌。

回顾中国农业科学院走过的63个年头，既有经验值得总结，也有教训值得吸取。因此，在习近平总书记新时代中国特色社会主义思想指导下，为深化体制机制改革和创新驱动发展提供有益启示。

一、60多年来，在党中央、国务院的亲切关怀下，在农业部和有关部委的大力支持下，中国农业科学院经过艰苦跋涉和攀登，能够达到今天如此高度，并取得了可观成就，是来之不易的。中国的农业科技已经站立起来，跻身于世界农业科学之林。中国农业科学院的事业已经有了相当大的规模；拥有了一支人数可观、素质较好、热爱农业的科技队伍；他们所从事的研究工作已为国家农业和经济社会发展做出了重要贡献，为我国农业现代化进一步发展奠定了坚实基础。但不能为此而感到满足。当看到国内外同行在更高的起点上以更快的速度向前奔跑时，在敬仰的同时难免常常为自己曾经走过的弯路，曾经被迫停顿的研究而感到惋惜。

中国农业科学院这60年科学研究工作，尽管在不同时期有所变动，但其主导方向是四个方面：为国家农业生产和经济社会发展研究解决一些综合性、关键性的重大科技问题；开展农业科学的基础研究与基础性工作；发展农业高技术和新技术；系统积累农业科学基础资料、大数据和现代信息系统。当然，根据不同时期国家农业生产和科技发展的不同要求，不同时期主要领导认识能力和水平，这几个方面在重点和顺序的排列上有所调整和摆动。

二、中国农业科学院的发展需要一个相对稳定的政治环境和政策导向。建院后的前30多年中，一些政治运动以及摆动的政策变迁，"三起两落"，对农业科学研究影响很大，"文革"甚至损及了它的元气和后劲。幸运的是，历次政治运动之后，在党的正确领导下，它都能比较及时的拨乱反正，调整政策，因而做出一些较为重要的贡献。

从这些频繁的变化中，需要认真汲取1961年落实科学十四条的经验，把某些符合科学事业发展规律的东西以法律的形式予以肯定和巩固，并增强各级领导的法制观念；由于在实际工作中常常出现的"行政干预"和"一刀切"的做法，对于要求自由度较大的农业科学研究工作来说是不利的；主要领导的更迭是正常的，过于频繁的人事变动甚至选人不适，也会贻误工作，影响农业科研创新发展的大局；意识形态领域和上层建筑的变化，尽量不要干扰基层科研秩序的稳定和科技人员的实际工作。

三、在农业科学研究领域，理论与实际结合是必然的。作为产业部门所属的国家级农业科学院，侧重理论、侧重提高，也是需要的。基础研究是探索获取新知识、新理论，要同应用新知识、新理论统一于一身，更好更快地向前发展。为了处理好二者关系，应采取措施和总结一些经验，如在中国农业科学院科学技术中长期发展规划中给予农业基础研究和基础性工作以必要的地位；合理确定基础研究、应用研究和开发研究之间的比例，或者明确学科所和有优势专业所的基础研究一定比例，等等。都是必要的，也是有效的。

然而，中国农业科学院在"文革"时期，应用研究和开发研究及原来比较薄弱的基础研究受到严重影响。1978年改革开放后，这种状况有了很大改观，逐步形成按照面向经济建设主战场、发展高科技和加强基础研究三个层次的战略布局，基础研究和基础性工作也有所加强，取得了一些重要成果和突破，并从潜在的知识形态的生产力转变为现实的、物质形态的生产力，即通过某种途径或方式，将先进、成熟、适用的研究成果作为生产要素，注入农业生产中，改变要素结构，发展现代农业，从总体上提高农业产出率和产品优质率。

四、遵循农业科学研究自身的规律与特点。现代农业科学是在科学整体化浪潮中建立起来的一门综合性科学。它处于科学整体结构中的基础科学到应用技术的广大地带，也处在自然科学与社会科学的交叉地带。农业科学技术不同于工业科学技术，它包括了基础研究、应用研究和开发研究的完整体系，并具有自身的特点：既受经济规律制约，也受自然规律和生物规律的支配；物化的生产资料不能以其他的物质所取代，但又直接影响到农业技术及其经济效益、社会效益和生态效益；所获得的科技成果，既有物质形态的产品，又有知识形态和信息形态的非物质性产品，却难以受到专利和知识产权的保护。形态虽有不同，但它们的本质都是知识产品，既有物质文明价值，又有精神文明价值。农业科技成果不仅可以转化为现实生产力，促进农业生产力提高，为社会创造物质财富，而且还可以极大地丰富人类的精神财富。

首先农业科学研究对象是活体，动植物的生命活动是高级的复杂运动，许多深层次的问题有待探索，需要在实践中加深规律性认识；其次是因子复杂，动植物生长发育有自身内在的矛盾，同时又受到各种外界条件的影响，这些因子往往难以控制，表现出强烈的地区、时间和条件的特殊性。最后是实验周期长：农作物生长期一年只有一季（有的二季或三季），今年失败，要等来年。育成一个农作物品种，即使采用加代繁殖，一般也要五六年时间。林木、果树多年生植物和家畜等生长育种周期则更长。这些基本规律和特点就决定了农业科学研究要有全面和长远的观点，必须保持研究工作的稳定性和连续性。

五、党的知识分子政策是一个重要问题。中国农业科学院在20世纪50—60年代，几度受"左"的干扰，"文革"后，邓小平提出科技人员中的绝大多数是工人阶级的一部分。"尊重知识、尊重人才"，拨乱反正，落实党的知识分子政策，大力培养科技人才，善于识别和发现年轻有为的科技人才，大胆选拔和合理使用科技人才，取得了巨大进步。至于科技人员对生活条件没有过分的要求，他们可以在事业的自我实现中得到满足。从过去的历史长河中可以看到，他们为农业科学的追求到农村长期蹲点，同农民同吃、同住、同劳动，在国家经济最困难时候进行着震惊业界的改土治碱工作。实现"中国梦"是一股强大的力量。但也不能忽略脑力劳动的特点以及生活的困扰对研究工作所造成的影响。进入20世纪90年代后，随着改革开放的深入发展，科技人员的生活条件显著改善，战斗在一线的广大科技创新性人才，在对他们进行爱国主义教育和理想教育的同时，对他们的知识追求欲望应给予尊重和鼓励，要让领衔首席专家有职有权，这些逐渐成为农业科技人才政策的重要内容。

六、组织农业科研协作攻关。随着现代农业科学技术发展，科研规模越来越大，分工也越来越细，一些重大科技问题越来越带有综合性。要完成这些重大研究任务，并取得重大进展和突破，需要发挥社会主义制度的优越性，组织开展科研大协作，甚至是国家规模的协作攻关，才有可能取得拥有自主知识产权、创新性的重大科技成果。20世纪70年代初，籼型杂交水稻的重大突破，就是在中国农业科学院和湖南省农业科学院主持下，有 150 多个科研、教学单位 1 400 多人参加的全国大协作，1970 年在海南岛发现"野败"（雄花败育的普通野生稻），1973 年实现了不育系、保持系、恢复系"三系"配套的重大突破，1976 年开始应用于生产。这是我国水稻育种发展史上的一次新飞跃，不仅为提高水稻产量开辟了新途径，而且为自花授粉作物利用杂种优势闯出了新路，极大地丰富和发展了遗传育种理论。这项成果 1981 年获得国家技术发明奖特等奖。进入 20 世纪 80 年代后，这种协作攻关又有了新的发展。我国中低产田治理与区域农业综合发展研究，分别在黄淮海平原、松嫩—三江平原、北方旱区、黄土高原、南方红黄壤地区建立了 51 个综合试验区，集中了国家和地方科研、高校等单位 3 000 多科技人员参加，紧密结合各地生产实际，团结协作，联合攻关，研究提出了不同类型区中低产田治理和区域农业综合发展模式；提出了适合不同类型区的主要农作物高产、优质、配套栽培技术，并通过组装集成，形成综合配套技术体系，在各地区农业增产中发挥了重要作用；提出了不同类型区以粮食为先导，农牧结合、农林牧渔综合发展模式，并在试验区做出示范，在示范区、辐射区广泛推广应用，取得了巨大的经济社会效益和初步的生态效益。其中中国农业科学院作为主持单位之一的"黄淮海平原中低产地区综合治理的研究与开发"，获得国家科学技术进步奖特等奖。在新形势下，创新发展新的协作方式成立国家农业科技创新联盟，将有可能推动农业科技创新驱动发展。

实践证明，只有组织起来，集中人力、物力、财力办大事，才能研究解决农业核心技术、关键技术的重大问题。

七、农业科技事业的发展需要一支富有创新精神的人才队伍。60 多年来，中国农业科学院始终把出成果、出人才作为自己的基本任务，建设一支宏大的、结构合理、高素质的科技人才队伍。

在中国农业科学院创建、发展与曲折时期（1957—1977 年），全院职工 5 561 人，其中科技人员 2 296 人。会集了中国农业科学技术的奠基人和开拓者，丁颖、金善宝、陈凤桐、冯泽芳、戴松恩、盛彤笙被选聘为中国科学院学部委员（院士），他们和院其他闻名中外的著名农业科学家基本覆盖了农业科学主要学科和领域，确立了国家农业科学研究中心和学术中心的地位。在恢复、调整与发展时期（1978—1995 年），全院职工 9 552 人，其中科技人员 5 572 人。著名农业科学家邱式邦、李竞雄、徐冠仁、鲍文奎、朱祖祥、庄巧生、李博当选为中国科学院学部委员（院士），卢良恕、刘更另、李光博、沈荣显、方智远当选为中国工程院院士，他们与一批中青年科学家、领军人物，在主持国家重大科研项目和全国性科技攻关中，取得了一批具有世界先进水平的重大科技成果。在深化改革与创新快速发展时期（1996—2016 年），全院职工 7 700 人，其中科技人员 4 805 人。有中国科学院院士李家洋调入（2012 年）、陈化兰当选为中国科学院院士（2017 年）；张子仪、范云六、董玉琛、郭予元、陈宗懋、刘旭、吴孔明、喻树迅、唐华俊、万建民、王汉中相继当选为中国工程院院士，2019 年钱前当选为中国科学院院士，胡培松、李培武、姚斌当选为中国工程院院士，这些中青年科学家、创新性人才队伍，或由他们组建的优秀团队，积极承担国家重大科技项目和大力实施科技创新工程，取得了一批具有国际影响力的重大科技成果，为我国农业和农业科技发展做出了重要贡献，在农业科技界享有很高声誉和重要的影响力。

60 年的实践证明，要牢牢把握集聚人才举措。"功以才成，业由才广"，人才是创新的第一资源。要在创新农业科研实践中发现人才、在创新农业科技活动中培育人才、在创新农业科技事业中凝聚人才，大力培养造就一支规模宏大、结构合理、素质优良的创新型科技人才队伍，为把中国农业科学院建成世界一流的国家农业科研机构奠定人才基础。

八、对外农业科技交流与合作工作。中华人民共和国成立后，中国农业科学院对外交往首先是同苏联和东欧等一些国家开始的。1978年以后，我国实行"对外开放"政策，科技交流与合作有了突破性进展。据不完全统计，对外交往从1978年的40多个国家和地区，已发展到2016年的160多个国家和地区，有发达国家，也有发展中国家，遍及世界五大洲。随着我国在联合国合法地位的恢复，中国农业科学院先后同联合国粮农组织、世界粮食理事会、世界粮食计划署、国际农业发展基金会、联合国开发计划署、世界银行和国际农业研究磋商组织及其所属的16个国际农业研究中心等建立了交流与合作，取得了显著成效，使我国农业科技逐步走向了世界。

回顾中国农业科学院成立后，特别是改革开放以来，农业科技对外交流与合作遵循"自力更生为主，争取外援为辅"的方针，根据我国农业和农业科技发展需要，坚持"量力而行"和"少而精"的原则，"官民并举、双边多边并举"的原则，"引进技术与引进智力和引进资金相结合"的原则，博采各国科技之精华，收获巨大，成效比较显著。中国农业科学院在对外农业科技合作与交流中，主要形式有组织专业性和综合性科学考察；开展双边与多边科技合作；互派留学生、进修生、实习生和访问学者；举办世界性、区域性和行业性学术会议；开展联合调查、举办技术讲座和开办培训班，召开大型研讨会、高层论坛等，形式多样，灵活运用，讲求实效，收到了预期成果。不仅引进动植物种质资源和先进的技术装备，培养了人才，提高了农业科学研究水平和创新能力，而且扩大了国际影响，提高了我国农业科技的国际地位。

在对外科技合作与交流中，要少一些接来送往，少一些形式主义，不断瞄准国家农业重大需求和世界科技发展前沿的技术"热点""难点"问题，倡导科学家之间的深入合作研究，把对外科技合作与交流引向深入，提高到一个新的水平。

九、发扬学术民主。提倡不同学术观点不同学派的"百家争鸣"。大力促进学术思想繁荣，必须营造一个民主的、宽松的学术思想环境。政治上要坚持四项基本原则，学术上要鼓励创新和争鸣。对各种不同学术观点、不同学派，只能通过科学讨论、通过科学实践去解决，而不能简单地贴上什么主义的标签，更不能靠行政命令手段去支持某一学派，压制另一学派。然而，在过去的长期农业科技工作实践中，错误事例是屡见不鲜的。中国农业科学院早在 20 世纪 50 年代初期，由于受苏联学术界的影响，大搞"一边倒"掀起了批判摩尔根遗传学运动，只准提米丘林，不准提摩尔根，甚至把摩尔根遗传学打成"伪科学"，用政治帽子代替学术争鸣。随着 1958 年"大跃进"形势的发展，竟提出了"人有多大胆，地有多大产"。在开展"果树保花保果还是疏花疏果""甘薯翻蔓还是不翻蔓""马铃薯退化"等学术讨论时，也曾把学术问题和政治问题混同起来，并一度达到唯心主义盛行、形而上学猖獗，压制和破坏学术讨论的程度。这种扼杀学术民主、窒息农业科技的教训应当永远记取。全院上下要提倡科学思想和科学方法，发扬"献身、创新、求实、协作"的科学精神和"坚持真理、诚实劳动、亲贤爱才、密切合作"的职业道德。要提倡农业科技工作者与广大农民相结合，切实加强科学世界观的教育和宣传，寓理想、道德、教育于现代农业科学技术知识的传播之中，用现代科学技术知识和科学观念去开拓人们的视野，推动人们的思想更新，丰富人们的精神世界，驱逐愚昧、迷信和落后的观念。要倡导科学思想和科学方法，克服浮躁和学术不端行为。我们应当把加强精神文明建设同振作民族精神、保证国家食物安全、生态安全和农业可持续发展结合起来，为发展现代农业，加快社会主义新农村建设做出新的贡献。

十、60 多年来，中国农业科学院始终在探索如何把中国农业科学院办得更好，办得既适合农业科学自身规律，又能符合国家的需要。这个探索逐步有了较明确的答案，就是改革。在"经济建设必须依靠科学技术，科学技术必须面向经济建设"和"自主创新、重点跨越、支撑发展、引领未来"的战略方针指引下，中国农业科学院在尊重农业科技创新驱动发展的前提下，从中国国情、农情和中国农业科学院自身情况出发，对过去长期形成的科技体制机制进行改革，并且取得了初步成效。在新形势下，面临着新机遇、新挑战，中国农业科学院确立了面向经济建设主战场、发展高科技和加强基础研究三个层次的战略布局，侧重基础、侧重提高，并在深化改革的过程中，将逐步建立科学研究和技术开发两种不同的运行机制。

30多年的改革，已经给中国农业科学院的各项工作带来勃勃生机。改革是一项长期的复杂的任务，既要坚持又要慎重，把改革与发展有效结合起来，进行深入的探索，使科学研究和技术开发工作有一个稳定的环境和正确的政策导向，这是发展农业科技事业的一条普遍规律。

近年来，中国农业科学院又迎来新的发展机遇，在党中央、国务院的亲切关怀下，中国农业科学院明确提出"建设世界一流农业科研院所"的战略目标，启动实施科技创新工程，突出体制机制创新，调整优化科研力量，全面提升农业科技创新能力和效率，各项工作取得重要进展。面向未来，要在习近平总书记新时代中国特色社会主义思想指引下，以改革推动创新，以改革推动发展，到2020年，将中国农业科学院初步"建成世界一流农业科研院所"，成为强力支撑我国世界农业大国地位的农业科技国家队和先行者。

预祝中国农业科学院在新时代以新的使命要求自己，而创新和发展、努力攀登农业科技高峰是其矢志不渝的奋斗目标。相信在未来的岁月里，中国农业科学院的广大科技工作者，将在科学的征途上做出新的更大贡献！

不忘初心，继续前进！

附录一　中国农业科学院历任院长

丁　颖（1957—1964 年在任）：中国科学院院士，水稻遗传育种专家。

金善宝（1965—1982 年在任）：中国科学院院士，小麦遗传育种专家。

卢良恕（1982—1987 年在任）：中国工程院院士，小麦育种、宏观战略研究专家。

王连铮（1987—1994 年在任）：大豆育种专家。

吕飞杰（1994—2001 年在任）：农产品加工专家。

翟虎渠（2001—2011 年在任）：水稻遗传育种专家。

李家洋（2011—2016 年在任）：中国科学院院士，植物分子遗传专家。

唐华俊（2016 年至今在任）：中国工程院院士，农业土地资源遥感专家。

附录二 2011—2016 年中国农业科学院所属科研机构

1. 作物科学研究所，2002 年由作物育种栽培研究所（1957 年成立）和作物品种资源研究所（1978 年成立）合并组成，位于北京。

2. 植物保护研究所，1957 年成立，位于北京。

3. 蔬菜花卉研究所，1958 年成立，位于北京。

4. 农业环境与可持续发展研究所，2002 年由农业气象研究所（1957 年成立）和生物防治研究所（1980 年成立）合并组成，位于北京。

5. 北京畜牧兽医研究所（中国动物卫生与流行病学中心北京分中心），1957 年成立，位于北京。

6. 蜜蜂研究所，1958 年成立，位于北京。

7. 饲料研究所，1991 年成立，位于北京。

8. 农产品加工研究所前身为原子能利用研究所，1957 年成立，2003 年改为农产品加工研究所，位于北京。

9. 生物技术研究所，1986 年成立，位于北京。

10. 农业经济与发展研究所前身为农业经济研究所，1958 年成立，2002 年改为农业经济与发展研究所，位于北京。

11. 农业资源与农业区划研究所，2003 年由土壤肥料研究所（1957 年成立）和农业区划研究所（1979 年成立）合并组成，位于北京。

12. 农业信息研究所前身为情报室，1957 年成立，1987 年和图书馆合并，位于北京。

13. 农业质量标准与检测技术研究所（农业部农产品质量标准研究所），2003 年成立，位于北京。

14. 农业农村部食物与营养发展研究所，2012 年成立，位于北京。

15. 农田灌溉研究所，1959 年成立，位于河南省新乡市。

16. 中国水稻研究所，1981 年成立，位于浙江省杭州市。

17. 棉花研究所，1957 年成立，位于河南省安阳市。

18. 油料作物研究所，1960 年成立，位于湖北省武汉市。

19. 麻类研究所，1958 年成立，位于湖南省长沙市。

20. 果树研究所，1958 年成立，位于辽宁省兴城市。

21. 郑州果树研究所，1960 年成立，位于河南省郑州市。

22. 茶叶研究所，1958 年成立，位于浙江省杭州市。

23. 哈尔滨兽医研究所（中国动物卫生与流行病学中心哈尔滨分中心），1948 年成立，位于黑龙江省哈尔滨市。

24. 兰州兽医研究所（中国动物卫生与流行病学中心兰州分中心），1957 年成立，位于甘肃省兰州市。

25. 兰州畜牧与兽药研究所，1996 年由中兽医研究所（1958 年成立）与兰州畜牧研究所（1979 年成立）合并组建，位于甘肃省兰州市。

26. 上海兽医研究所（中国动物卫生与流行病学中心上海分中心）前身为家畜血吸虫病研究室，1964 年成立，2006 年改为上海兽医研究所，位于上海市。

27. 草原研究所，1963 年成立，位于内蒙古自治区呼和浩特市。

28. 特产研究所前身为吉林省特产试验站，1956 年成立，1981 年更名为特产研究所，位于吉林省长春市。

29. 农业农村部环境保护科研监测所，1979 年成立，位于天津市。

30. 农业农村部沼气科学研究所，1979 年成立，位于四川省成都市。

31. 农业农村部南京农业机械化研究所，1957 年成立，位于江苏省南京市。

32. 烟草研究所，1958 年成立，位于山东省青岛市。

33. 农业基因组研究所，2015 年成立，位于广东省深圳市。

34. 都市农业研究所，2015 年成立，位于四川省成都市。

35. 中国农业科学院研究生院，1979 年成立，位于北京市。

36. 中国农业科学技术出版社有限公司（中国农业科学院农业传媒与传播中心），1985 年成立，位于北京市。

附录三 中国农业科学院与地方共建科研机构

1. 柑桔研究所，1960 年成立，与西南农业大学共建，位于重庆市。

2. 甜菜研究所，1959 年成立，与黑龙江大学共建，位于黑龙江省哈尔滨市。

3. 蚕业研究所，1951 年成立，与华东船舶工业学院共建，位于江苏省镇江市。

4. 农业遗产研究室，1955 年成立，与南京农业大学共建，位于江苏省南京市。

5. 水牛研究所，1958 年成立，与广西壮族自治区共建，位于广西壮族自治区南宁市。

6. 草原生态研究所，1981 年成立，与甘肃省共建，位于甘肃省兰州市。

7. 家禽研究所，1959 年成立，与江苏省共建，位于江苏省扬州市。

8. 甘薯研究所，1959 年成立，与江苏省共建，位于江苏省徐州市。

9. 长春兽医研究所，2005 年成立，与军事医学科学院共建，位于吉林省长春市。

附录四 中国农业科学院两院院士

中国科学院院士

丁 颖：水稻遗传育种专家
金善宝：小麦遗传育种专家
冯泽芳：棉花遗传育种专家
陈凤桐：农业科技管理专家
戴松恩：作物遗传育种专家
盛彤笙：微生物和兽医专家
邱式邦：农业昆虫专家
李竞雄：玉米遗传育种专家
徐冠仁：核农学专家
鲍文奎：作物遗传育种专家
朱祖祥：土壤专家
庄巧生：小麦遗传育种专家
李 博：草原生态专家
李家洋：植物分子遗传专家
陈化兰：动物传染病专家
钱 前：水稻遗传分子育种专家

中国工程院院士

卢良恕：小麦育种、宏观研究专家
刘更另：土壤肥料和植物营养专家
李光博：农业昆虫专家
沈荣显：动物病毒与免疫专家
方智远：蔬菜遗传育种专家
张子仪：动物营养专家
范云六：分子遗传学专家
董玉琛：作物种质资源专家
郭予元：农业昆虫专家
陈宗懋：茶叶专家
刘 旭：作物种质资源专家
吴孔明：农业昆虫专家
喻树迅：棉花遗传育种专家
唐华俊：农业土地资源遥感专家
万建民：水稻分子遗传与育种专家
王汉中：油菜遗传育种专家

胡培松：水稻育种专家
李培武：油菜质检专家
姚　斌：微生物工程专家

附录五　1957—2017 年中国农业科学院获国家奖励科技成果数量

据不完全统计，1957—2017 年，中国农业科学院取得各种科技成果 4000 多项，其中作为第一完成单位，获得国家奖励重大科技成果 305 项，其中：

国家自然科学奖 7 项，其中，二等奖 2 项，三等奖 3 项，四等奖 2 项。

国家技术发明奖 38 项，其中，特等奖一项（籼型杂交水稻，全国杂交水稻协作组，中国农业科学院主持），一等奖 6 项，二等奖 18 项，三等奖 13 项。

国家科学技术进步奖 199 项，其中，一等奖 13 项，二等奖 102 项，三等奖 84 项。

国家星火奖 3 项。

全国科学大会奖 58 项。

附录六 中国农业科学院近年获国家科技成果奖励项目录

2018 年获国家科技成果奖励项目录

	项目名称	第一完成人	第一完成单位	奖励类别	等级
1	黄瓜基因组的演化和重要性状的功能基因研究	黄三文	蔬菜所	自然科学奖	二等
2	小麦与冰草属间远缘杂交技术及其新种质创制	李立会	作科所	技术发明奖	二等
3	猪传染性胃肠炎、猪流行性腹泻、猪轮状病毒三联活疫苗创制与应用	冯 力	哈兽研	技术发明奖	二等
4	大豆优异种质挖掘、创新与利用	邱丽娟	作科所	科学技术进步奖	二等
5	黄瓜优质多抗种质资源创制与新品种选育	顾兴芳	蔬菜所	科学技术进步奖	二等
6	畜禽粪便污染监测核算方法和减排增效关键技术研发与应用	董红敏	环发所	科学技术进步奖	二等
7	我国典型红壤区农田酸化特征及防治关键技术构建与应用	徐明岗	资化所	科学技术进步奖	二等
8	羊肉梯次加工关键技术及产业化	张德权	加工所	科学技术进步奖	二等

2019 年获国家科技成果奖励项目目录

	成果名称	第一完成人	第一完成单位	奖励类别	等级
1	动物流感病毒跨种感染人及传播能力研究	陈化兰	哈兽研	自然科学奖	二等
2	农产品中典型化学污染物精准识别与检测关键技术	王　静	质标所	技术发明奖	二等
3	耐密高产广适玉米新品种"中单 808"和"中单 909"培育与应用	黄长玲	作科所	科学技术进步奖	二等
4	家畜养殖数字化关键技术与智能饲喂装备创制及应用	熊本海	牧医所	科学技术进步奖	二等
5	重大蔬菜害虫韭蛆绿色防控关键技术创新与应用	张友军	蔬菜所	科学技术进步奖	二等
6	茶叶中农药残留和污染物管控技术体系创建及应用	陈宗懋	茶叶所	科学技术进步奖	二等
7	优质专用小麦生产关键技术百问百答	赵广才	作科所	科学技术进步奖（科普类）	二等

后　记

　　撰写《中国农业科学院发展简史研究》，时间跨度大，涉及领域多，内容比较繁杂，在撰写过程中，先后查阅了中国农业科学院档案、原农业部档案，得到院办公室原档案处侯希闻处长、原农业部科技司周平巡视员的大力协助。在核查有关人事档案时，得到了中国农业科学院人事局原综合处严定春处长的协助。值得提出的是，中国农业科学院农业信息研究所岳福菊在查阅、收集文献资料和相关出版物以及编辑校对工作方面予以具体帮助，至此，在本书问世之际，谨向上述有关同志表示真诚的感谢！

　　撰写本书，仅仅是个开始，建议院领导给予重视，能够组织力量，开展调研，广泛收集，深入研究中国农业科学院院史，总结经验，吸取教训，展望未来，这是一项十分有意义的工作。